固定源污染物排放管理
——排放标准体系构建和实施

王亚琼　杨　林　等著

中国环境出版集团·北京

图书在版编目（CIP）数据

固定源污染物排放管理：排放标准体系构建和实施/
王亚琼等著. —北京：中国环境出版集团，2025.2
ISBN 978-7-5111-4980-0

Ⅰ. ①固⋯ Ⅱ. ①王⋯ Ⅲ. ①固定污染源—污染
物排放标准—研究—中国 Ⅳ. ①X-652

中国版本图书馆 CIP 数据核字（2021）第 259817 号

责任编辑	李兰兰
封面设计	宋　瑞

出版发行	**中国环境出版集团**
	（100062　北京市东城区广渠门内大街 16 号）
	网　　址：http://www.cesp.com.cn
	电子邮箱：bjgl@cesp.com.cn
	联系电话：010-67112765（编辑管理部）
	010-67112735（第一分社）
	发行热线：010-67125803，010-67113405（传真）
印　　刷	北京中科印刷有限公司
经　　销	各地新华书店
版　　次	2025 年 2 月第 1 版
印　　次	2025 年 2 月第 1 次印刷
开　　本	787×960　1/16
印　　张	14
字　　数	200 千字
定　　价	56.00 元

前　言

　　大气污染物排放标准是固定源污染物排放管理的基础性政策工具，对其进行科学构建是环境治理体系和治理能力现代化的要求。当前，我国的工业化已处在从量变到质变的过程中，通过引进发达国家的固定源污染控制技术和参考发达国家的固定源污染物排放标准限值来制定我国的污染物排放标准，已难以符合我国的发展需要。

　　党的十八大以来，党中央大力推进排污许可制改革，为坚持和完善这项制度指明了方向、提供了遵循。"十三五"时期，已经实现固定源排污许可全覆盖。"十四五"时期，排污许可制改革进入提质增效新阶段，需要服务经济社会发展大局，以更完善的制度保障高水平管理，推进生态环境治理体系和治理能力现代化。在改革的进程中，排污许可制使国家与社会、政府与市场的关系越来越清晰。首先，只有达到一定有害水平的排污行为才需要国家管理，排放标准是对这个排放水平的法治化表达；其次，必须明确对什么事项设定什么样的许可条件，必须毫无歧义且可操作，满足这个条件必须依靠体系设置科学、内容详尽合理的排放标准体系。也就是说，对固定源设置污染物排放许可，许可条件就是国家根据社会经济发展水平和保护目标所确定的排放标准，排放标准体系服务于排污许可制，排污许可制对固定源污染物排放标准体系的构建起方向性和基础性作用。

　　本书立足于以排污许可制为核心的固定污染源监管制度体系，结合 2018 年《中华人民共和国标准化法》确定的多元标准制定主体、强制性与推荐性并存的多元效力这一基本格局，从守住生态环境底线、提升经济效率、坚持创新驱动等各方面进行统筹规划，参考美国、欧盟的经验和教训，构建固定源污染物排放标准体系框架，以满足排污许可制度实施、空气质量管理和环境保护技术进步的需求。本书开展的部分实践性工作来源于排污许可制度推进和陕西省固定源合规管理试点经验，为固定源污染物排放标准框架构建和排放标准在排污许可制度中的实施提供了验证，为笔者对未来的思考和展望提供了实践支撑。

本书的主要内容来自王亚琼博士的研究和杨林高级工程师的工作总结与思考。同时，特别感谢赵英娿博士在国外经验研究和制度评估与设计方面给予的大力支持，为本书的完成做出了重要贡献，在第 3 章、第 4 章、第 5 章的撰写中提供了大量帮助。还要特别感谢王颖律师在法学理论、德国经验研究等方面提供的支持和帮助，在第 1 章、第 2 章的撰写中提供了帮助。感谢贾册在案例研究方面的支持，感谢康桢高级工程师、韩梅高级工程师在试点工作方面给予的支持和帮助。本书涉及的实践案例也得到了地方政府部门和相关企业的积极配合和支持，在此对所有给予本书支持和帮助的单位及友人表示感谢！

由于时间和作者水平有限，本书难免存在不足之处，敬请广大读者批评指正。

著 者

2024 年 9 月于西安

目　录

第 1 章　导　论

1.1　排放标准体系构建的背景

1.1.1　我国正在构建以排污许可制为核心的固定污染源监管制度体系

20 世纪 70 年代至 21 世纪，我国吸取发达国家的经验教训，环境政策从关注末端治理到关注源头控制，从行政命令式的管理到依法管理，政策手段从命令-控制型手段到市场化手段不断发展[1]。党的十八大把生态文明建设纳入社会主义现代化建设总体布局。党的十八大以来，围绕依法治国，我国正在全面推进国家治理体系和治理能力现代化[2]。党的十九大报告提出"提高污染排放标准"，党的十九届四中全会提出"构建以排污许可制为核心的固定污染源监管制度体系"等针对固定污染源监管的新的方向性要求。随着排污许可制改革任务逐项落地，"一证式"管理理念被广为接受，排污许可制度的先进性正在不断显现[3]。排污许可制作为规范固定源排污行为的基础性环境管理制度，排污许可证作为固定源环境守法的依据、政府环境执法的工具、社会监督护法的平台[4]，已从试点到全面落实，我国在逐步探索和建立排污许可制度的中国道路[5]。

1.1.2　我国须建立与排污许可制度相协调的固定源污染物排放标准体系

大气污染物排放标准是固定源污染物排放管理的基础性政策工具。在排污许可管理制度中，排放标准中的排放限值要求、监测要求等内容是最核心的许可事项。原环境保护部召开标准研讨会，提出要重点研究排污许可等新型管理制度，界定排放标准在国家环境管理体系中的定位和作用，科学设置标准体系[6]。我国在工业技术发展和污染防治技术发展方面属于后发国家，在改革开放之后工业化处于快速发展的量变阶段，发达国家的污染防治技术和排放标准限值可供我国直接借鉴，但应根据工业化发展进程和污染防治需求，不断加严相应的行业排放标准限值。当前，我国的工业化已处在从量变到质变的过程中[7]，通过引进发达国家的固定源污染物控制技术和参考发达国家的固定源污染物排放标准限值来制定我国的固定源污染物排放标准，已难以符合我国的发展需要。党的十九届五中全会通过的《中共中央关于制定国民经济和社会发展第十四个五年规划和二〇三五年远景目标的建议》中提出，"十四五"时期经济社会发展要"以推动高质量发展为主题，以深化供给侧结构性改革为主线，以改革创新为根本动力"，这就要求必须从全局性、根本性的角度思考固定源污染物排放标准体系改革问题。固定源污染物排放标准是排污许可制改革过程中的关键一环，但当前的固定源污染物排放标准存在"强制性"定位不清、体系的完整性和一致性不足、制定原则不够明确、标准老化等一系列问题[8]。随着我国社会主义市场经济体制的不断完善、科技的迅猛发展、政府职能转变、国家治理能力和治理体系现代化的不断深入，标准化工作统筹协调机制、整合精简强制性标准的改革也逐步深入开展[9]。在已开启的标准化改革和排污许可制改革工作中，需要从守住生态环境底线、提升经济效率、坚持创新驱动等各方面进行统筹规划，对固定源污染物排放标准体系的构建和实施进行更为科学的设计。

1.2 研究内容

1.2.1 固定源污染物排放标准体系

本研究的理论基础是制度经济学，制度是正式或者非正式的规则，以及规则的执行安排[10]，是一种人为设计的秩序产物[11]，功能包括界定权力边界、降低交易成本、消除外部性、降低不确定性、提高经济效率[12]等多个方面，一项合理的制度需要经过设计，并适时地进行分析和改进[13]。本研究拟在制度设计和制度改进的基础上提出政策设计，既在当前国家治理能力和治理体系现代化的整体制度范围内，但又不严格局限在现行的制度框架内。

固定源污染物排放标准的定义，通常是对固定源污染物在允许排放污染量上的法律限定[14]，具有一定的灵活性，可以自主选择达到强制目标的技术或方法[15]。我国固定源污染物排放标准是对排入环境的有害物质和产生危害的各种因素所作的限制性规定，是对固定源污染物进行控制的标准[16]。

当前，我国的固定源污染物排放标准体系结构单薄，固定源污染物排放标准的作用和定位模糊，对于由什么层级的主体制定何种强制性程度的固定源污染物排放标准，污染者应当承担什么程度的污染治理责任，依据和论证都不够充分，难以证明采取的限制措施是必要的、适当的。在排污许可制度改革的框架内，本书重点从固定源污染物排放标准体系的分层结构、定位和作用等方面剖析，结合《中华人民共和国标准化法》所确定的标准制定主体、强制效力等基本格局，放眼体制改革和社会转型整体趋势，对构建固定源污染物排放标准体系的路径做出论证。

1.2.2 固定源污染物排放标准在排污许可制度中的实施机制

机制设计的重点是研究如何设计诱导机制和激励机制，来解决个人或经济单位之间的利益冲突问题，使之达到协调[17]。固定源污染物的排放需要得到许可，排放限值则是授予许可的重要条件。我国过去一直没有建立起完整、有效的排污许可制度，固定源污染物排放标准在排污许可制度中的实施机制不够明确。排污许可制度改变了固定源污染物排放管理原有的粗放模式，旧的排放标准无论是在体系上还是在内容形式上，都无法满足排污许可制度"提高环境管理效能和改善环境质量"的目标要求，难以适应排污许可制度的法制化、精细化、信息化的管理要求。同时，排污许可制度也为固定源污染物排放标准体系的改进，成为更灵活、更有效率的政策，建立了管理体制和管理机制基础，有了排污许可证这一载体，能保障有区分的、自由度更高的固定源污染物排放标准的有效实施。

第2章 排放标准体系构建和在排污许可制度中实施的理论框架

2.1 构建排放标准体系的经济学理论基础

环境是典型的公共物品,其外部损害无法通过自发的市场交易内部化[18]。根据"污染者付费原则",污染者应当承担污染控制费用,一定程度上保证环境处于可以接受的状态[19]。外部性通常会导致资源配置的无效率[20],从政策的角度,外部性的存在意味着存在帕累托改进的现实机会[21],解决外部性问题需要政府介入,测量环境外部影响并控制污染物排放。固定源污染物排放标准是一种解决固定源污染物排放外部性问题的政策形式,这种政策形式的实现需要依靠市场以外的力量来推动。固定源污染物排放的外部性,导致了市场在资源配置中的低效结果,为政府进行固定源的环境规制提供了理论前提。政府进行固定源的环境规制的需求主要源于自然垄断性和外部性这两大问题[22]。固定源污染物排放标准体系设计的经济学理论基础来源于制度经济学。以 North 为代表的新制度经济学家,认为现实世界中决策者偏好不完全[23],Simon 将其定义为有限理性,主要表现为决策者在信息的搜集和加工方面存在实际困难[24]。Williamson 认为有限理性意味着在复杂世界中,交易费用是经济关系中非常重要的因素[25]。Arrow 将交易费用定义为经济制度运行的费用,包括市场交易费用和政府管理费用[26],而政府管理费用包括信息搜寻、政策制定、政策执行等费用,还包括面对政策相关方"讨价还价"等费用。

从新制度经济学角度看环境监管,政府有效控制固定源污染物排放存在两个主要障碍：一是监管者面临高度不完美信息（imperfect information）的影响，政策目标的表述存在科学上的不确定性，无法给出明确和精准的政策目标；二是伴随行政自由裁量权而来的政治影响（political influence），企业界、环保团体等会通过不同的方式，对政策的制定和实施产生影响[27]。固定源污染物排放标准的制定需要大量信息，包括污染物排放影响、污染控制技术、成本等多个方面的信息。如果在有着完美信息的环境中，政府可以制定针对每个固定源的污染物排放标准，达到边际污染控制成本等于边际社会收益的理想水平[28]。但是，现实世界中必然存在交易费用，在设计固定源污染物排放标准体系时，必须考虑信息获取的不确定性和不对称性，以及获得有效信息的成本有效性。

2.2　固定源污染物排放控制的法律原则

"预防原则"是现代环境法最重要的原则，其核心内容是国家不能满足于排除已经发生的环境损害，而必须采取预防性的和规划性的环境保护措施。该原则源于德国《基本法》"人体健康权不受侵犯"，现已被绝大多数国家及国际组织确定为环境法基本原则。预防原则的内容包括两点：第一，国家为了保证发挥保护职能，必须采取预防性措施，以防止或减少对环境有害的影响。这种措施通常通过行政许可程序或者规划编制程序实现，对计划开展的建设、生产进行"环境性兼容性"审查，以将其可能的环境影响限制在最小的、被允许的程度。第二，预防原则还要求尽量缓和地使用自然界提供的生存基础。这意味着，人类没有对自然无限的主宰权，同时，环境保护不能局限在消除损害或者治安管理式的措施方面。预防原则的使用有其边界，在环境法律确立前都需要对立法活动的必要性进行论证，国家对自由权的入侵只有在被证明正当时才能进行。此外，还应遵守比例原则，即国家对自由权的入侵是合适的、必要的和适当的，国家只有在证明了某个产品或工艺有害，从而证明了其行为具有必要性，才能对该产品或工艺加以禁止。预防原则应用于实践，必须保证风险预防措施在准备和制订时的透明性，科学界和利益相关方的广泛参与才能保证预防措施所应对的风险得到全面、准确的评估，风险评估所必需的信息才能得到全面的掌握[29]。

预防原则试图采取预防性措施，使环境损害得以避免或减轻；而污染者责任原则是为了让导致环境损害发生的人承担责任。污染者责任原则不限于承担排除和预防环境损害的费用，而是强调污染者应该是立法者的禁止性规定、允许性规定或限制条款的直接调整对象，也是社会责任的承担者。但在实践中，确定特定环境损害的实际责任人并非易事，因为原因和因果关系即便经过详尽的调查也不是总能明确无误地呈现。大多数情况下，环境损害既有人类和工业生产破坏环境的历史行为，也有很多程度轻微的（合法的）破坏环境的当前行为。这就导致只有在国家环境政策认为必要时才对污染者进行归责处理。被归责的（共同）污染者会被要求遵守限制条款，将其破坏环境的行为限制在合法限度内，或者因为一定程度的环境污染仍被允许，对这些污染产生的费用进行补偿。污染者责任原则广义上作为承担环境责任的普遍准则，包含了特定人或人群由于其行为或产品而必须做出具体的防止、减少或者消除环境负担行为的义务，责任人必须自己限制、防止、减少或者消除环境负担。

综上所述，"预防原则"要求在科学认知未明确表明行为或产品的环境损害时，国家就要采取对保护自然资源和保护人体健康合适的、必要的及适当的许可措施；"污染者责任原则"要求建立公平的环境负担，包括污染者为消除、预防环境负担必须采取实际行动，而并非只缴纳一定数额的费用。制定固定源污染物排放标准，就是国家在固定源污染物对环境危害程度并不明确的情况下，基于技术可能，针对固定源污染物排放者的生产行为做出的从原辅材料选择、能源消耗、生产工艺过程优化到污染治理设施运维、监测技术和方案确定等全过程、全方位的具体限制措施。社会对预防固定源污染物排放带来的环境损害所能尽的最大努力，取决于已应用的先进技术水平。符合预防原则的固定源污染物排放标准的制定，要以基于先进性的技术水平为准。执行这些标准，则需要具备从环境政策制定到包括行政程序、司法程序在内的全方位制度保障。在环境政策制定上，须建立有助于保证环境负担公平的政策环境，杜绝违法不究和不当补贴；在行政许可制度中，需要保持对许可事项执行情况的监管，保证行政许可中执行的固定源污染物排放标准能真正实现国家通过这个排放标准要达到的环境保护目标。

2.3 构建固定源污染物排放标准体系的原则

2.3.1 构建固定源污染物排放标准体系的政策目标

固定源污染物排放标准作为一项生态环境领域的公共政策，政策目标要有优先排序和具体化的维度[30]。固定源污染物排放标准的首要目标是安全目标，安全目标源于对公平的追求，不断降低环境污染对人类健康的"最小"伤害水平[31]，为不同地区、不同时段的空气质量提供"足够的安全边界"[32]。实现安全目标要贯彻"预防原则"，国家必须采取预防性措施，发挥保护职能，以防止或减少对环境有害的影响。同时，结合 2.2 节的分析，"预防原则"还需要兼顾效率目标，控制污染排放还需要符合经济、社会发展水平，避免因社会成本过度而影响经济效率。

由于不完美信息和政治影响的制约，精确量化安全目标和效率目标，在现实世界中无法实现。在政策实践中，固定源污染物排放标准体系需要组合应用不同类型的环境规制，在效率目标的约束下，更好地达到或接近安全目标。在固定源污染物排放标准体系设计时，一是要考虑不完美信息的制约，通过政策机制的设计和信息工具的使用，减少不完美信息的影响；二是要考虑在不同的社会制度与法律体系内，通过管理机制和运行机制设计，减少因自由裁量权等因素带来的影响。

2.3.2 固定源污染物强制性排放标准制定权划分的功能适当原则

"功能适当原则"因不与国家的具体政治体制挂钩，在保证权力配置的灵活和高效上，更具有实际的意义。其目的在于让国家做出尽可能正确的决策，由具有最优前提条件的机关按照其组织、组成、功能和程序做出决策。针对风险的具体规制，适合由拥有更多专业人员并且决策迅捷的行政机关来做出。针对生态环境保护这类国家任务，应当从功能适当的视角，在符合民主、法治等原则的前提下，考察不同机关在其中各有什么功能优势，各自适合承担何种责任，以及相互之间应该达到怎样的相互控制和权力均衡。

针对固定源污染物强制性排放标准的制定问题，"国家任务最优化"是核心考量[33]。应当在"功能适当原则"指导下，以"国家任务最优化"作为强制性固定源污染物排放国家标准制定权划分的准则。同样，以固定源污染物排放标准为依据实施行政许可事项，会广泛影响经济和社会生活，关乎公民生命健康权和公私财产权，影响着宪法中规定的国家在生态环境保护方面的国家职能的实现，其框架性规定必须具有保障公平、消除壁垒、促进统一市场形成的基础性作用及实际效力。

2.3.3　环境保护规制理论对排放标准体系设计的指导

环境保护规制主要分为命令-控制型规制、经济激励型规制以及二者的结合型规制[34]，选择不同的规制进行组合的关键是实践中更有效果和更有效率[35]。命令-控制型规制政策可直接、强力地控制污染排放，相较于经济激励型规制政策其效果更明确[36]。经济激励型规制政策经济效率高，但是固定源污染物排放问题具有外部性，单纯依靠市场解决污染问题，每个政策相关方都希望自己利益最大化，使得交易成本高，难以实现安全目标。针对这两类环境保护规制的使用，环境法学家进行了持久的辩论。以 Howard Latin[37]为代表的学者，认为传统的命令-控制型规制政策是主流，相对于经济激励型规制政策其已显现出明确的效果，特别是经过实践检验的排放标准，相对于初期的技术标准已具备一定的灵活性，以政府为主导制定和实施统一标准，获取和使用信息的成本更低。以 Richard B. Stewart[34]、Stephen Breyer[38]等为代表的学者，提出随着时代的进步，计划经济式的统一标准等命令-控制型规制的固有缺陷不断显现，需要采用渐进的方式对环境政策进行改进，在命令-控制型规制体系之外，采用更多的经济激励型规制，并加强自愿型规制的应用，此种方式被称为"微调"（fine-tuning），以提高经济效率。在选用不同类型规制和对其组合使用时，还需要考虑的一个重要因素是技术进步，只有技术不断进步，才能有效控制污染排放，降低污染控制成本。不同类型的环境规制对技术进步的影响不同[39]。按照 Porter 理论，从动态发展角度，企业开展技术创新，自愿型比强制型规制要求削减更多污染，长远看符合企业利益，合理设计的环境规制能够为企业提供技术创新的信息和动力，激励企业提高技术水平[40-41]。张平等[42]开展实证研究，发现投资型环境规制总体上对企业技术创新产生了激励效应。Higley 对最灵活的自愿型规制开展实证研究，发现除了能够降低政府的行政管理费用，还能促进企业对环保先进技术分享和交换，带动技术进步[43]。

　　按照环境规制的强制效力从强到弱，对固定源污染物排放标准进行分类，可分为强制性排放标准、推荐性排放标准、自愿性排放标准。强制性排放标准属于典型的命令-控制型规制，由政府主导制定，对固定源污染物的排放数量、排放速率、排放浓度等提出统一的限制性要求，具有强制执行效力。推荐性排放标准的强制力不及强制性排放标准，可以通过激励性措施推动实施，也可以通过特定的法律法规引用后达到具有强制执行效力的目的[44]，属于命令-控制型规制和经济激励型规制的结合型规制。自愿性排放标准由市场主体，包括行业协会、企业等自愿制定，一般要严于前两类排放标准，属于政府干预小、企业为了获得额外激励而制定和实施的排放标准，是一种典型的自愿型规制[45]。以上三种类型的排放标准可以进行不同形式的组合，立足于国家制度和环境政策的发展，构建固定源污染物排放标准体系。固定源污染物排放标准的实施一般是通过行政许可程序，对固定源污染物的排放加以限制，将固定源污染物排放标准的要求作为许可事项，通过排污许可证实施。

2.4 排放标准在排污许可证中实施的理论基础

国家对其立法行为的必要性，负有举证责任。因此，国家通过行政许可程序贯彻"预防原则"，必须设定和实施对"保证人体健康"这个宪法目标来说正当的许可事项并监督落实，在固定源污染物排放方面，就是对固定源污染物排放的种类、数量及其监测等做出合理规定并保证落实，也就是合理设定并监督实施固定源污染物排放标准。若固定源污染物排放标准设定不合理、实施不到位，就构成对预防原则的滥用和对合法经营权、自由权、财产权的侵犯。因此，依法制定和实施固定源污染物排放标准的过程，就是依法设定和实施针对固定源的排放许可的过程。排放标准作为固定源排放许可核心内容的许可事项，在内容上与固定源污染物排放标准的主要构成一致。

2.5 小结

总结固定源污染物排放标准体系设计的原则：一是要贯彻环境法的"预防原则"，以安全目标为首，兼顾经济效率目标；二是要立足于国家制度和环境政策的发展，应当在"功能适当原则"指导下，以"国家任务最优化"作为强制性固定源污染物排放国家标准制定权划分的准则，保持强制性排放标准的功能适当性，同时，组合使用三种类型的排放标准，建立排放标准体系；三是排放标准体系要起到激励技术创新的作用；四是依法实施固定源污染物排放标准的过程，就是依法设定和实施针对固定源污染物排放许可的过程，许可事项作为固定源污染物排放许可核心内容在内容上与排放标准的主要构成一致。

第3章 美国、欧盟固定源污染物排放标准分析

3.1 美国、欧盟固定源污染物排放标准体系框架

美国、欧盟在环境法律中，对固定源污染物排放标准的制定目的进行了明确规定，形成的固定源污染物排放标准体系与我国有明显区别。美国、欧盟在固定源污染物排放标准技术法规、指令中，规定了固定源需要执行的排放限值（emission limits）、监测方法等要求，其中最核心的部分是排放限值，基于"现有技术""最佳可行技术"等制定，作为许可事项通过许可证实施[46-48]。

美国固定源污染物排放标准体系包括国家排放标准和"最佳可行技术"（Best Available Technology，BAT）系列排放标准。国家排放标准包括基于"最佳示范技术"（Best Demonstrated Technology，BDT）制定的新源绩效排放标准（New Source Performance Standards，NSPS）和基于"最大可达控制技术"（Maximum Achievable Control Technology，MACT）制定的国家危险空气污染物排放标准（National Emission Standards for Hazardous Air Pollutants，NESHAP），在全国范围内执行，不与空气质量直接挂钩。BAT系列排放标准与空气质量管理相关，分为空气质量达标区和未达标区，对新源和现有源实施有区分的管理，由许可证管理部门在许可审查时确定，一般严于国家排放标准限值。未达标区新源许可审查时，要求采用最严格的"最低排放率"（Lowest Achievable Emission Rate，LAER）排放限值，现有源采用"最大可得控制技术"（Reasonably Available Control Technology，RACT）排放限值。达标区要防止空气质量显著恶化，新源采用较严格的"最佳

可得控制技术"（Best Available Control Technology，BACT）排放限值，现有源采用相对宽松的"最佳可得改进技术"（Best Available Retrofit Technology，BART）排放限值。

欧盟的《综合污染预防与控制指令》（IPPC）和在此基础上制定的欧盟《工业排放指令》（IED），将 BAT 排放标准作为固定源污染防控的最主要机制。BAT 排放标准基于技术制定，不与环境空气质量直接挂钩。BAT 结论（BATC）在 BAT 参考文件（BREFs）中公布，包括技术和工艺适用性、BAT 相关的污染物排放水平等内容[49]，BATC 需要转化为成员国的国内立法才具备强制效力。与美国类似，欧盟也实施许可证管理，BATC 作为设置排放限值等许可条件的参考。以德国为例，对于欧盟 BATC 中确定的排放限值，德国一般是通过修订其《空气质量控制技术规范》（TA-Luft）来执行。实践中，欧盟 BATC 中对排放浓度限值的规定常常是一个范围值，而德国国内技术指南及执行建议或命令中则是一个固定值，且常常取欧盟 BATC 的最严值。这种做法在德国环境行政部门确定排放许可中具体排放限值时，已经获得了来自法院的合法性认定，特别是是否符合比例原则的审查[50]。

除上述基本体系外，美国和欧盟还通过结合使用自愿型环境规制手段，提高以命令-控制型规制为主的排放标准体系实施的效率。1971 年，法国环境部与水泥行业协会签订协议，对水泥企业提供投资成本 10%的补助，水泥行业协会承诺实施更严格的排放标准[51]。自此，自愿型规制逐步广泛应用于欧盟国家。20 世纪 90 年代，欧盟委员会推广自愿型规制，强调在现行法律框架中，政府与企业签署有法律约束力的自愿协议，作为一种补充手段。自愿协议在荷兰已发展为主要手段，覆盖了主要的排污行业，具有法律约束力，政府运用许可证管理机制对企业进行监督[52]。美国也尝试使用自愿型规制，如英特尔公司为了加快新产品的市场投放速度，采用了卓越领导才能计划（XL 计划），企业承诺采用最严格的排放限值，在企业工艺发生变化后，免予许可证管理部门进行新源审查[53]。受制于国家环境制度和法律授权，除了荷兰等少数国家，自愿协议仅作为现行排污许可证政策和排放标准体系的"微调"补充,旨在提升固定源污染物排放标准体系的政策效率和更好地激励技术进步。美国和欧盟的固定源污染物排放标准体系结构如图 3-1 所示。

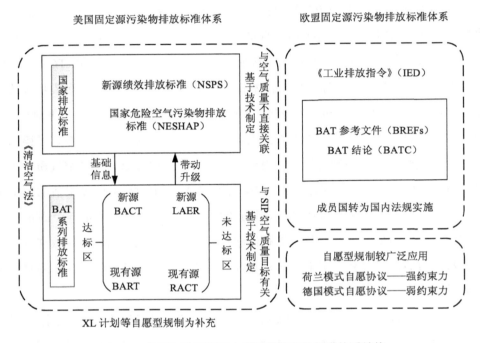

图 3-1　美国和欧盟的固定源污染物排放标准体系结构

3.2　美国固定源大气污染物排放标准体系

为了保护公众的健康和福利,美国于 1970 年出台了《清洁空气法》(*Clean Air Act*),开创了空气污染源管理的体制和方法,其实施卓有成效,显著降低了环境空气中 SO_2、NO_x、PM_{10}、$PM_{2.5}$、CO、O_3、Pb 等污染物的浓度,改善了环境空气质量。美国在固定源污染物排放控制方面取得的成效对环境空气质量的改善具有显著的贡献。

根据《清洁空气法》的规定，不同地区的政府需要保证不同时段的空气质量能够提供足以保障公众健康和福利的"安全边际"[54]。为了实现这一目标，针对固定源的污染物排放管理是最重要的工作。美国执行的固定源污染物排放标准主要是基于技术的排放标准，规定了不同受控固定源必须达到的不同减排控制技术水平[55]，管理对象是"对公众的健康或福利产生或具有潜在显著危害的固定源"，包括建筑、设备、设施等产生和排放污染物的受控设施（Affected Facilities）。排放标准规定了与固定源污染物排放有关的单元活动要求，包括对烟囱、排气筒等有组织单元的烟气排放要求，对堆场、储罐等无组织单元的颗粒物和 VOCs 等排放要求，以及与污染排放相关的设施安装和运行状况的要求。排放标准的受控固定源通常要接受运行许可证（Operating Permit）管理，排污许可证管理机构在发放给固定源的每份运行许可证中，明确了每个产排污单元需要遵守的排放标准，包括限制性要求和对应的监测、记录和报告要求，将产排污单元活动产生的常规污染物和危险空气污染物控制在排放标准设定的水平之下。

在《清洁空气法》的框架内，国会授权 EPA 制定国家层面的分行业排放标准，授权各州制订州实施计划（State Implementation Plan，SIP），逐源在每一个许可证中（Permit-by-Permit）确定针对每个特定产排污单元的 BAT 系列排放标准。美国开创了以国家排放标准为指导，以逐源确定单个源排放标准为重要手段，依托排污许可证管理制度实施的固定源污染物排放管理政策体系。

在国家层面，EPA 以"最好的持续降低污染物排放的技术"为基础，基于"最佳示范技术"（BDT），制定了针对新污染源的 PM、SO_2、NO_x 等常规污染物的新源绩效排放标准（NSPS）；基于"最大可达控制技术"（MACT），制定了针对所有固定源危险空气污染物的国家危险空气污染物排放标准（NESHAP）。NSPS 和 NESHAP 分行业类别制定，是美国全国范围内固定源受控单元所要遵守的最低限度的控制要求。NSPS 的管理对象是"新污染源"，这里的"新"是指《清洁空气法》出台后，根据《清洁空气法》的规定，各行业新源绩效排放标准首次制定后的实施日期，此日期后适用标准的固定源被称为"新污染源"。在《清洁空气法》

中，NSPS 被定义为"反映 EPA 局长考虑排放削减成本、非空气质量的健康和环境的影响、能源需求等因素后认定的经充分证实的最佳连续削减排放技术系统所能达到的排放限制程度"的排放标准。国家制定 NSPS 最重要的目的是防止产生新的空气污染问题，公共工作委员会（Public Works Committee）认为相较于要求现有源在短期内将污染降低到一个很低的水平，这种主要针对新污染源的绩效排放标准经济影响更小，遇到的推行阻力也更小[56]。NESHAP 是针对危险空气污染物的排放标准，在《清洁空气法》中，危险空气污染物被定义为"无环境空气标准可适用的，根据 EPA 局长的判断引起或预计引起死亡率增长，或使可逆转疾病变成不可逆转疾病的空气污染物"。虽然危险空气污染物的排放量少于常规污染物，也没有专门的环境空气质量标准与之对应，但是其危害并不小，而且种类多、成分复杂，因此《清洁空气法》同样要对固定源危险空气污染物的排放加以管制。在考虑成本和非空气质量因素的前提下，NESHAP 目前共针对 189 种危险空气污染物，涉及 123 类行业，目标是实现最大限度的污染物削减。

在地方和污染源层面，《清洁空气法》规定每个州必须制订州实施计划（SIP），要求在计划中明确采取何种污染源管理手段，对固定源和移动源进行管理，以达到环境空气质量标准的目标要求。在州实施计划中，需要阐述各地区如何控制新污染源和现有污染源的污染物排放，包括确定该地区固定源必须达到的排放水平，该水平不得高于国家行业排放标准。对于未达标区，需要在州实施计划中提出限期达标的方案，因此，未达标区的新建、改建、重建源必须执行严于国家行业排放标准的逐源制定的排放标准。EPA 要求未达标地区新污染源审查许可证（Nonattainment NSR Permits）的申请者必须采用最严格的"最低排放率"（LAER）排放标准；对于未达标区的现有固定源，则要求采用州实施计划中规定的较为宽松的"最大可得控制技术"（RACT）排放标准。对于环境空气质量已达标的地区（Prevention of Significant Deterioration Areas，PSD 地区），还要求各州针对不同 PSD 等级地区的空气质量保护目标，采取足够的防范措施，新源准入时在许可证中确定针对每一个特定产排污单元的 BAT 系列排放标准，防止空气质量显著恶化。

PSD 地区的新源审查（NSR）许可证申请者需执行"最佳可得控制技术"（BACT）排放标准，证明污染物的排放率为该技术条件下的最小排放率，不会导致空气污染物浓度超过所允许的浓度增量或限值。对于 PSD 地区的现有源，需要执行相对更为宽松的"最佳可得改进技术"（BART）排放标准。

最终，固定源的执行标准在运行许可证中得以落实，地方主管机关在发证时会明确每个固定源的每个产排污单元需遵守的排放标准规定，通常是上述各类标准中最严格的项目。由于排放标准管理制度与排污许可证管理制度能够有机结合，因此，固定源需要遵守的国家和固定源层面的排放标准才能与受控产排污单元一一对应，并得到有效执行。

3.2.1 排放标准文本内容与形式

3.2.1.1 排放标准的文本内容

（1）国家行业排放标准

针对常规空气污染物和危险空气污染物的 NSPS 和 NESHAP，分别位于《美国联邦行政法典》（*Code of Federal Regulation*，CFR）的第 40 主题第 60 部分（40 CFR Part 60）和第 63 部分（40 CFR Part 63）。这两部分包括了国家行业排放标准的全部内容，既包括通用性绩效测试、数据记录等所有行业固定源都需要遵守的一般性条款，也包括分行业的特定条款。排放标准中的核心内容是排放限值或限制性规定，包括对固定源产排污单元的空气污染物连续排放数量、排放速率、排放浓度等数值型排放限值要求，以及对持续减少空气污染物排放设施的操作和维护的规定，包括设计要求、设施设置要求、操作实践要求、操作标准要求或各种要求的组合；同时，排放标准中也包括与每项限值和限制性规定相对应的监测、记录和报告等守法规定。

NSPS 和 NESHAP 的内容形式基本一致，以 NSPS 为例，该行政法规主要包含 4 个部分：①通用条款（General Provisions），该部分规定了所有受控行业固定源都需要遵守的通用性条款，包括适用范围、术语定义、单位和缩写等通用内容，以及受控源需要遵守的绩效测试要求、监测和记录要求、通知和报告的程序和要求、守法和维护要求、一般性的控制设备和操作实践要求等内容。②排放标准导则（Emission Guidelines），该部分针对市政废弃物焚烧炉等 6 类固定源，属于 NSPS 的一部分。针对这类固定源，各州需要根据 EPA 发布的排放指南，依导则制订州实施计划，每个州必须在指南发布后 9 个月内提交州实施计划，描述如何制定和实施排放标准导则所规定的固定源污染物排放标准，完成排放指南的要求。③分行业新源绩效排放标准（NSPS），该部分目前针对 85 个大类行业和 18 个子行业（其中有效的行业数量 78 个，子行业 17 个）分别制定了新源绩效排放标准。每个行业 NSPS 中包括了覆盖的固定源类型、受控污染物、每个受控源执行的限值要求或操作实践要求，以及对应的监测要求、数据记录要求等。如美国火电厂 NSPS（Subpart Da）包括以下几部分：a．适用的受控设施（Applicability and Designation of Affected Facility）；b．定义（Definitions）；c．颗粒物排放限值（Standards for Particulate Matter）；d．二氧化硫排放限值（Standards for Sulfur Dioxide）；e．氮氧化物排放限值（Standards for Nitrogen Oxides）；f．氮氧化物和一氧化碳的替代标准（Alternative Standards for Combined Nitrogen Oxides and Carbon Monoxide）；g．商业示范许可证（Commercial Demonstration Permit）；h．需遵守的条款（Compliance Provisions）；i．排放监测规定（Emission Monitoring）；j．合规性确定程序和方法（Compliance Metermination Procedures and Methods）；k．报告要求（Reporting Requirements）；l．记录保存要求（Record Keeping Requirements）。④附录，包括取样和测试方法、各类连续监测系统的绩效测试规范和程序、质量保证程序等。NSPS 在每个行业子部分的法规中规定了适用范围，如果行业内的固定源符合以下两条就属于该 NSPS 的受控固定源：①固定源有一个或多个单元在 NSPS 控制范围内；②固定源新建、改建、重建的完成日期晚于行业 NSPS 的发布生效日期，触发了 NSPS 条款规定的要求。

（2）BAT 系列排放标准

NSPS 和 NESHAP 排放标准作为国家层面的"导则"（Guideline），各州必须将其纳入地方法规体系中，或者在地方法规中制定比国家行业排放标准更严格的地方标准。根据《清洁空气法》的规定，在 NSPS 发布后的一年内，各州必须在州实施计划中阐述如何执行发布的 NSPS 标准。州实施计划的目标与 NSPS 和 NESHAP 的目标不同，其目标是通过对固定源的管理，达到环境空气质量标准的要求。针对固定源的管理，排放标准是州实施计划的核心内容，是保证环境空气质量达标的关键措施之一。具体做法是在州实施计划中，进行固定源污染物排放清单汇总，识别潜在的重点源，制定控制策略，规定各个空气质量控制区的各类新建固定源（包括新建、改建、重建固定源）需要达到何种排放水平，规定现有固定源需要采取何种达标措施，特别要确保未达标区尽快达到环境空气质量（NAAQS）目标的要求。

根据《清洁空气法》的规定，未达标区必须制订州实施计划，于指定日期后不超过 5 年的时间内尽快达到环境空气质量标准中各指标限值的要求。以艾奥瓦州的州实施计划为例[57]，根据 EPA 于 2010 年颁布的国家环境空气质量标准，马斯卡廷县（Muscatine County）环境空气中的 SO_2 未达标。因此，艾奥瓦州空气质量管理部门（Iowa Department of Natural Resources Environmental Services Division Air Quality Bureau）制订了以 SO_2 环境空气质量达标为目标的州实施计划。根据 EPA 提供的指南，针对 SO_2 未达标的空气质量管理区的 3 个显著 SO_2 排放固定源（GPC、MPW、Monsanto），建议固定源设置与环境 SO_2 直接挂钩的 1 h 均值尺度的排放限值。例如，对于其中的 Monsanto 固定源，州实施计划中提出的针对 8# 锅炉和燃烧器两个 SO_2 显著排放单元的控制措施如表 3-1 所示。

表 3-1   州实施计划中提出的 Monsanto 固定源的 SO_2 显著排放单元控制措施

固定源	单元	控制措施	生效日期
8#锅炉	EP-195	修改并加严 SO_2 排放限值	2015 年 5 月 13 日
燃烧器	EP-234	基于天然气燃烧设备的加严的 SO_2 排放限值	2015 年 5 月 13 日

实施以上州实施计划中提出的控制措施需要固定源 Monsanto 对现有的设施进行改造，因此需要该固定源申请新建许可证（Construction Permit）。新建许可证并非一个企业或者一个固定源一个证，而是根据具体的新建、改建的项目批次而定。艾奥瓦州典型的新建许可证文本在 10 页左右，首先，在首页中列出基本信息，包括排放单元和控制设施；其次，适用的法律要求；最后，其余部分详细列出设施的排放限制、排放口特性、生产限制、合规条件描述等限制性规定，以及监测、记录保存和报告的要求。

在新建许可证中，固定源需要落实州实施计划中提出的控制策略，逐源制定基于"最大可得控制技术"（RACT）的排放限值。例如，针对 8#锅炉和燃烧器两个 SO_2 显著排放单元的排放限值如表 3-2 所示。

表 3-2 新建许可证中确定的 Monsanto 固定源的 SO_2 显著排放单元排放限值

固定源	单元	新建许可证	排放限值	生效日期
8#锅炉	EP-195	82-A-092-P11	SO_2 小时平均排放率限值为不得超过 273.0 lb[①]/h（RACT）	2015 年 5 月 13 日
燃烧器	EP-234	88-A-001-S3	SO_2 小时平均排放浓度限值为不得超过 0.026 lb/h，体积浓度不得超过 500×10^{-6}（RACT）	2015 年 5 月 13 日

注：SO_2 限值是为了解决 2013 年 8 月 5 日在《联邦公报》（78 FR 47191）中公布的马斯卡廷县（Muscatine County）的 1 h SO_2 浓度未达到国家环境空气质量标准的问题。

3.2.1.2 排放限值或限制性规定

（1）排污许可证中的排放限值

在固定源运行许可证（Operating Permit）中，执行的排放限值以数值型限值为主。对于固定源而言，执行数值型限值相对于设备设置要求和操作规定等技术性要求更具灵活性，固定源可以自主选择达到强制目标的技术或方法[58]，效率更

---

① 1 lb（磅）=0.453 592 kg。

高。传统上，排放限值多采用废气中污染物体积浓度或质量浓度来表示，因为它们可以直接在烟气排放入口处测量，方便监测和核查受控单元是否合规排放。除了浓度限值，美国的排放标准中，特别是在 NSPS 和 NESHAP 中，主要采用绩效限值。绩效限值与能源使用和原料使用有关，包括基于输入的（input-based）绩效限值和基于产出的（output-based）绩效限值。基于输入的绩效限值多表示为污染物排放/热输入（lb/MMBtu$_{heat\ input}$①），基于产出的排放限值使用诸如排放量/发电量［lb/（MW·h）］或排放量/产生的蒸汽热量（lb/MMBtu$_{heat\ output}$）等限值形式表示。相较于其他限值形式，基于产出的排放限值考虑了灵活的减排措施带来的更高的效益，如提高了燃烧效率、提高了涡轮机效率、回收有用热量、减少与燃煤发电单元运行相关的"寄生损耗"（parasitic losses）、鼓励受控源减少化石燃料使用等多种效益，为降低合规成本提供了机会[59]。早期使用基于输入的绩效限值更多，原因是相较于输入能量，产品输出容易监测，也更容易判定受控源的合规性。1998 年，EPA 修订发电锅炉 NSPS（Da 子部分）时，第一次使用了基于产出的绩效限值。如今，在排放标准中越来越多地使用了基于产出的绩效限值，特别是在一些与能源输出和大量耗能相关的行业，如 NSPS 中原铝制造（S 子部分）、硅酸盐水泥制造（F 子部分）、玻璃制造（CC 子部分）等行业；NESHAP 中钢铁制造（FFFFF 子部分）、黏土砖制造（JJJJJ 子部分）等行业都使用了基于产出的绩效限值。

基于产出的绩效限值是一种长平均周期考核的限值，通常取连续 30 d 滚动平均值。据笔者分析，NSPS 和 NESHAP 作为全国受控源必须遵守的最低限值要求，采取长平均周期的绩效限值，一方面能够保证全国的受控源在稳定的绩效水平下运行，另一方面允许不同区域的不同固定源根据环境质量目标管理的需求，为控制短平均周期的排放浓度或排放率留下了足够的灵活度，有利于各地区"因城施策"和"因源施策"。采用基于产出的绩效限值优势主要包括：①可以降低固定源的守法成本。它为工艺制程的设计人员提供了更多可选的途径，用于减少单位产

---

① 1 Btu（英热单位）=1.055 06×10^3 J，1 MMBtu（百万英热单位）=1.055 06 GJ。

品的污染排放。例如，可以选择安装末端污染物控制设施，也可以使用具有节能作用的生产设施，或通过改变工艺流程，使能量能够循环利用，降低单位产品的能耗，降低能耗和削减污染物排放具有同样的价值。②降低能耗带来协同减排的效果。由于基于产出的排放限值能够激励固定源采用提高能效的技术和使用可再生能源，必然有利于减少化石燃料的使用量。减排的污染物包括排放标准控制的SO_2、NO_x等，也包括由于减少燃料使用而带来的重金属污染物、挥发性有机污染物等非标准控制的污染物的协同减排。与此同时，还减少了燃料开采、加工、运输等整个链条中的污染物排放，降低了整个环节对环境、生态的影响。可见，基于产出的绩效限值，相较于浓度限值和基于输入的绩效限值，带来的非直接效益更大。此外，采用浓度限值时，企业更倾向于使用更为复杂的多级控制设施，这类设施不可避免地会增加二次污染排放，如增加了脱硫废水、脱硝催化剂等污染物的排放，而提高能源使用效率或降低产品损耗的方式并不会产生附加的环境影响。

（2）设施设计、设置、操作要求

有些情形下，排放标准中针对受控产排污单元采取了安装指定设施的方式或特定的操作实践经验，如针对挥发性有机物的特定存储池结构，针对炼化装置潜在泄漏点的泄漏检测与修复（Leak Detection and Repair，LDAR）程序。原因是采取数值型限值，可能存在不易监测或者监测成本过高等问题。操作规定常见于 BAT 系列排放标准中，如普吉湾 Ash Grove 水泥厂的运行许可证中规定，针对散装袋装载站，如果有可见颗粒物排放，或者观测到小型除尘器的压力损失超出了设定区间，水泥厂需要在 24 h 内修复或关闭设备。

（3）启动、停机、维护（SSM）期间的特别规定

启动、停机、维护（SSM）期间，由于生产设施和控制设施处在非正常运行状况，因此含氧量不稳定，连续监测设施无法准确测得烟气浓度和烟气量。在此期间，污染物排放不在排放标准的管理范围，如 Ash Grove 水泥厂水泥窑执行 NSPS 排放限值规定，规定使用每吨原料排放的颗粒物不得超过 0.3 lb，但是

不计入 SSM 期间的排放。对 SSM 期间的管理规定，一般在新源审查（NSR）过程中由固定源申请，通过新建许可证认定，并在运行许可证中执行。例如，Ash Grove 水泥厂 PSD 许可证中规定，在水泥窑启动、停机和维护阶段，需要限制过量 SO_2 的排放，此时水泥窑的操作需要遵守以下的工作要求和燃料限制：①必须以天然气为燃料；②水泥窑需要除硫环（Sulfur Rings）后才能开始运行，如果硫环仍存在，需要停止运行；③水泥厂需要按照第 60 部分附录 A 第 7381 号令的要求开启和关闭水泥窑。

（4）守法保证监测计划中的替代性限值规定

由于连续排放监测系统（CEMS）覆盖不到小型排放口，EPA 无法判别固定源是否完全遵守《清洁空气法》和《美国联邦行政法典》第 70 部分运行许可证的规定[60]。EPA 新增了第 64 部分守法保证监测规定（CAM），该项规定独立于运行许可证一般监测规定，管制对象为小型产排污单元。设计原则包括两方面：一是要求固定源使用更容易连续测量或者监测成本更低的指标限值；二是要求固定源连续监测代表产污、治污设施运行工况的关键参数，使用关键参数限值替代污染物排放限值。在成本有效的条件下，守法保证监测规定既能确保排污"连续"合规，又能降低固定源因周边空气污染界定模糊带来的诉讼风险[61]。守法保证监测规定要求每个主要污染源制订守法保证监测计划，包含每个受控产排污单元的监测记录和报告要求，作为运行许可证的申请条件之一。监测、记录和报告规定定义了适用的监测方法、对监测结果的偏移进行纠正的方法，以及固定源如何将监测数据应用于每年的达标证明中。以艾奥瓦州某火电厂为例①，在案例火电厂运行许可证中，针对电除尘器的守法保证监测计划如表 3-3 所示。

---

① 资料来源于艾奥瓦州火电厂运行许可证，Iowa Department of Natural Resources Title V Operating Permit.

表 3-3　艾奥瓦州某火电厂运行许可证中针对电除尘器的守法保证监测计划

	指标 1	指标 2
Ⅰ．指标测试方法	不透明度 电除尘器不透明度 COMS（不透明度连续监测系统）	除尘器故障报警 连续 T-R 设置监测（清灰系统检查）
Ⅱ．指标范围设置	不透明度超过 40%，在 8 h 内纠正	报警后的 8 h 内纠正
Ⅲ．绩效标准		
A．数据代表性	按照 40 CFR Part 60 附录 B 的规定安装 COMS	振动器清灰系统工作说明运行状态良好，连续监测 T-R 能反映清灰系统工作状态
B．运行状态认证	1994 年的 PS-1 绩效测试	报警器的认证和校准
C．质量保证	按 PS-1 规定测试并校准	按照设备制造商的说明书校准和维护
D．监测频率	连续监测（10 s）	连续监测 T-R
E．数据记录	数据获取系统记录 6 min 和小时平均值	系统记录数据；电子格式的检查和维护数据
平均周期	10 s 数据计算 6 min 平均值；6 min 平均值计算小时平均值	

3.2.1.3　监测、记录和报告规定

　　针对每项排放限值或者限制性规定，排放标准中均有对应的监测、记录和报告规定，这些要求将载入运行许可证中得到执行。这些规定包含在《美国联邦行政法典》第 60 部分 NSPS 标准、第 63 部分 NESHAP 标准、第 70 部分运行许可证法规、第 75 部分连续监测法规中。部分自愿性技术规范被引用后，即作为强制性法规的一部分，具有了强制效力。BAT 系列排放标准中，如果是连续监测的排放限值，需要遵守国家行业排放标准的绩效测试、监测、记录和报告规定；如果是设备使用和操作性规定，需要同步制定对应的监测（检查）、记录、报告要求。

　　监测规定是 NSPS 和 NESHAP 的重要组成部分，NSPS 中针对有组织源的排

放浓度和绩效限值，多采用连续监测的方式获得排放数据，以此判定固定源是否合规排放。国家排放标准的管理对象多为主要污染源，许可证实施机构开展了大量研究之后发现在较短的时间内，此类特定产排污单元能够接受并按规定的程序实施连续排放监测系统（CEMS）监测，且由于排放量足够大，使用 CEMS 具有成本有效性。绩效测试程序和方法的规定，包含在联邦法规第 60 部分的一般规定部分，该部分要求固定源按照规定的程序和方法进行各类绩效测试，以证明固定源有能力满足 NSPS 的要求。要求初始绩效测试必须在达到最大生产率后的 60 天内，或在初次运行后 180 天内进行。要求固定源所有者或经营者对缺失数据进行补充，补充原则是随着监测数据可用性降到各个"临界值"（95%、90%、80%）以下，替代数据值将愈加保守，激励固定源采取措施维护监测设备和保证监测质量。

数据记录使监测过程可被核查，为固定源自证守法提供依据。国家行业排放标准中规定了固定源需要遵守的记录保存、通知和报告要求。除每个行业 NSPS 中的记录保存要求外，一般规定部分要求固定源的所有者或运营者保留以下记录：①所有测量记录，包括连续监测系统（CMS）、监测设备、绩效测试的记录；② CMS 绩效评估记录；③监控设备校准检查记录；④监控设备调整和维护记录。对于记录保存时间，NSPS 一般规定部分要求测试、维护、报告等记录至少保存 2 年，但运行许可证法规要求所有监测数据和支持信息保留至少 5 年，通常 NSPS 受控源也是运行许可计划的受控源，因此要执行更长的 5 年记录保存要求。启动、关闭和故障情况通常不需要报告，但所有者或运营者需要保存与之相关的事件和持续时间记录，以及需要保存污染控制设备故障、监测设备不能正常工作阶段的记录。

报告也是 NSPS 法规的重要组成部分，一般规定部分的报告要求包括：①初始运行报告要求，当固定源新建、改建、重建时，所有者或经营者必须在建设开工 30 日内向许可机构提交建设施工报告，目的是便于管理机构及时获知固定源的新建、改建、重建情况，对于其应当遵守的 NSPS 进行重新认证和变更，并通过运行许可证的变更保证 NSPS 执行；②绩效测试报告的要求，定期进行绩效测试，并在测试前提交不透明度检查、CMS 测试、COMS 测试等相关报告；③定期提交报告的要求，固定源受控产排污设施正常运行后，需要进行半年报告，在报告期内超标排放总持续时间超过总运营时间的 1%、CMS 停机时间超过总运营时间的 5%，则需要提交总结报告。

3.2.2 排放标准的制修订与实施机制分析

3.2.2.1 排放标准制修订与实施的管理体制

NSPS 和 NESHAP 的制修订工作由 EPA 负责，具体的责任部门是空气质量规划与标准办公室（OAQPS）。按照 EPA 内部职责的划分，该部门的主要任务是保持和改善美国的空气质量，承担管理空气污染数据、制定限制和减少空气污染的法规、协助各州和地方机构监测和控制空气污染、向公众提供关于空气污染的信息、向国会报告空气污染的状况和减少空气污染的进展等。该部门内部按照业务范畴，根据项目类型和具体分工，由专业人员负责相应的工作。例如，在修订锅炉行业 NSPS 标准时，由锅炉组负责技术筛选和使用统计分析的方法确定排放限值等工作[62]。在草案制定和审核的多个过程中，受 NSPS 政策影响的各个计划办公室、地区的代表应发挥参与配合工作与审议的职能。在标准发布后，与标准制修订有关的文档置于 EPA 的地区办事处，向任何需要获得资料的组织和个人提供免费阅览服务。除 EPA 外，排放标准制修订过程中涉及的部门还包括国家空气污染控制技术咨询委员会（NAPCTAC），委员会成员包括控制技术工业界专家、公共利益集团的环境专家、受影响的行业人员、其他感兴趣的相关人员，该委员会召开会议审查 NSPS 草案。

根据《清洁空气法》的规定，授权各州执行 NSPS 和 NESHAP。美国实行一种平行责任制的管理模式，如果地方排污许可证管理机构被授予实施国家行业排放标准的职责，所有报告和通知都应提交给当地许可机构，如果 EPA 保留对国家行业排放标准的直接执行权力，报告和通知必须提交给适当的 EPA 区域办事处。例如，联邦 NSPS 法规对每个州实施 NSPS 的授权状态在法规中列出，其中可包括比联邦 NSPS 更严格的地方要求。此外，NSPS 通过纳入州和地方法规或者国家实施计划，由地方执行。地方许可证管理部门承担了主要的运行许可证管理职责，如加利福尼亚州清洁空气管理局（SCAQMD）依照州法律的规定，在排放标准管理等事项上与 EPA 合作，人事权和资金分配权由加利福尼亚州管理，在由 EPA 制定的国家行业排放标准方面受 EPA 的监督管理，相关规定必须由 EPA 通过后才能生效。由于各州有足够的自主权，为了切实履行职责、避免职责交叉，不同州在实施国家行业标准的机构设置、内部部门设置、定岗定责等方面存在差异。

在《清洁空气法》的授权下，州实施计划中的新建许可证制度要求对未达标区的排放量进行削减，要求新建源执行"反映任何州实施计划中包含的最严格的排放限制水平，除非拟新建源的所有者或运营者证明该限制是不可实现的"或"反映事实上已经实现的最严格的排放限制的排放速率"的 LAER 标准。对于已达标的地区新建源，要在新建许可证中确定需要遵守的 BACT 排放限值水平。空气质量 I 类地区（Clear I area）的重点源①新建许可证必须经过州政府和联邦政府的双重审查，州政府在收到申请之后，须同时向 EPA 递交申请书副本，并通报州政府对该申请采取的行动。EPA 同时通报联邦土地总管（Federal Land Manager）和其他对土地利用负有主要责任的联邦官员。联邦层面的负责人对该设施建立后的影响进行判断，如果认为不符合，可以不批准。

3.2.2.2　国家排放标准制修订管理机制

（1）国家排放标准制修订程序

根据《清洁空气法》的规定，NSPS 和 NESHAP 生效后，任何受控源运行过程中违反标准都是不合规的。国家行业排放标准必须每隔 4 年评估、修订一次，

---

① 常规污染物超过 100 t，危险污染物超过 25 t 的固定源。

目的是审阅标准覆盖的行业范围，以及随着技术的进步对已有行业标准限值进行修改。NSPS 基于"最佳示范技术"（BDT）制定，要求 NSPS 的限值达到"管理者认为有足够的示范性，考虑了成本、任何非空气质量的健康和环境影响、能源需求后，能够反映出使用最佳的污染物减排程序所达到的减排水平"。NSPS 的制定由 EPA 在全国范围内调查并筛选 BDT，按照统计分析方法确定数值型限值，反映出每种受控源 BDT 的绩效。制定程序如下：① EPA 在全国范围内进行工程技术和经济调查，并开发监测方法。②根据调查结果筛选不同的技术组合作为备选BDT。详细分析每种备选方案的经济、环境和能源的影响，选定 BDT 组合。经济影响对确定 BDT 尤为重要，需要综合考虑利润率、资本、就业、国际贸易的影响。③根据 BDT 绩效水平，采用统计分析方法确定绩效限值。④ NSPS 草案经过公众讨论会（Public Meeting）审查、修正、EPA 审查、管理与预算办公室（OMB）审查，确保成本和效益关系符合总统令（Executive Order）的宗旨。草案在《联邦公报》上刊出，并分发至所有的受控源和感兴趣的团体，举行公听会（Public Hearing）进行最终审查，EPA 和 OMB 做出适当更改后作为适用于受控源的法规。NESHAP与 NSPS 的制定过程类似，基于"最大可达控制技术"（MACT）制定，一般要求达到现有污染源表现最好的 12%排放水平。

（2）排放标准经济影响分析

美国认为环境政策对经济和社会的影响范围不断扩大，根据 1983 年 12291号总统令，由联邦机构评估其法规制定的成本、效益和经济影响，并由管理与预算办公室（OMB）建立正式的审查程序，为此，EPA 制定了政策执行影响分析导则（RIA）[63]。1992 年，美国颁布了关于监管规划和审查的第 12866 号总统令[64]，OMB 发布了《12866 号总统令下的联邦法规经济分析》，阐述了经济分析的详细问题和技术方法，发布了《成本和效益衡量标准化指南》[65]作为联邦机构的经济分析指南。EPA 在政策执行影响分析导则（RIA）的指引下，针对政策的成本、效益、经济影响、技术进程进行了回顾性和展望性的分析。

经济影响分析方法在 NSPS 和 NESHAP 上得到了充分应用，EPA 将经济影响分析方法分为三类：①成本—效益分析（BCA）方法检验净社会效益；②经济影响评估（EIA）方法检验政策的受益者和受损者；③应用公平性评估方法对特定人群，特别是对处于不利地位的人群进行分析[66]。选用模块化分析的好处，一方面是可以针对特定的需求，突破数据和资源限制，进行详尽或粗略、定量或定性的分析；另一方面是降低了分析难度，因为很难用一种工具全面分析成本和效益。

EPA 主要采用委托开发的模型或者采用学术文献的成果进行分析。例如，水泥行业 NSPS 和 NESHAP 标准修订后，在环境影响方面，EPA 使用工业部门集成解决方案（ISIS）动态模型，模拟标准执行后的污染物减量水平。此外，还分析了控制工艺是否对水环境造成影响，考虑控制设施排放的固体废物是否能够得到有效处置，以及对环境会产生多大影响。在经济影响分析方面，使用局部均衡经济模型分析排放标准的变化对工业产业和经济的影响。由于更严格的限值导致了产品成本的上涨和销量的下降，因此可能会导致就业的变化，此类分析多参考文献的研究方法进行估算。使用文献研究方法等工具估算空气质量改善的收益，将空气质量改善的收益货币化。通常情况下，获得的收益远大于成本，计算得到水泥行业 NSPS 和 NESHAP 标准 2013 年修订后的收益为成本的 8～15 倍。

3.2.2.3　BAT 系列排放限值确定程序和案例

（1）BAT 系列排放限值确定程序

每个州的州实施计划（SIP）中，包含了对未达标区限期达标的规定，也包含了防止达标区空气质量显著恶化的规定。以艾奥瓦州为例，艾奥瓦州自然资源管理局（Iowa Department of Natural Resources，DNR）作为新建许可证管理机构，DNR 对固定源实施准入管理，目的是要求大型的工业源尽可能采用先进技术，确保新建、重建、改建、扩建设施的建设和运行符合空气质量管理要求。只有设施的排放能够满足州和联邦的所有标准，DNR 才能颁发新建许可证。新建许可证申请程序如下：①固定源提前准备好监测数据等资料；②DNR 与固定源负责人会面，就政策规定、评估分析、建模数据等进行交流，减少由于信息不对称带来的误解；③固定源提交申请；④DNR 分配工程师进行审查，确保拟建设和运行的新设施的排放符合州实施计划的要求，经过全面审查后确定 BACT/LAER 排放标准，进行为期 30 天的草案公示，公众可以发挥重要的监督作用；⑤DNR 为固定源颁发新建许可证。

在新建许可证的申请、核发程序中，核心是逐源确定 BACT/LAER 排放标准。首先，NSPS 和 NESHAP 制定过程的控制技术和成本信息文件为确定 BACT 和 LAER 等标准提供了基础，有利于新建源能够及时通过申请，获得新建许可证开工建设，减少延误。其次，BACT 和 LAER 排放标准的确定程序一致，采用同一套程序和参数确定标准。根据加利福尼亚州南海岸清洁空气管理局（SCAQMD）的 BACT 和 LAER 指南[67]，BACT 排放标准的确定原则包括以下三项：① BACT 技术在该类固定源中有成功使用的记录；②本州或者其他州的 SIP 中批准使用过该技术；③如果一项缺少使用记录的新技术成本—效益分析合理，并被管理委员会（District Governing Board）认可，管理者可以要求固定源使用该技术。其他 BAT 系列排放标准的确定程序与 BACT 排放标准类似。确定 BAT 系列排放标准通常采用类比分析、模型分析等方法，需要大量参考同类固定源的控制技术应用情况及其排放水平。EPA 开发的可行技术信息交换（RACT/BACT/LAER Clearinghouse, RBLC）信息系统涵盖了全国范围各固定源的信息，各州的信息系统囊括了州内的历史项目信息，信息系统有助于许可证管理部门和企业迅速获得所需的信息，做出控制技术选取的决策。

（2）BAT 系列排放限值案例

以燃气轮机确定 BACT 排放标准的程序为例。燃气轮机为电力公司提供峰值服务，计划年运行小时数小于 1 000 h，使用天然气燃料，通过强制条件限制工作时间和燃料类型，净排放变化只有氮氧化物排放量是显著的（大于或等于氮氧化物 40 t/a 的显著性水平），仅需要对氮氧化物排放量进行 BACT 分析。评估 BACT 的第一步是确定受审查排放单元的所有候选控制技术选项。表 3-4 列出了可选择作为潜在 BACT 候选的控制技术清单。通过对现有运行中的燃气轮机设备的分析，确定了前三种控制技术，即水或蒸汽注入和选择性催化还原。而选择性非催化还原是一种潜在的控制技术，因为它是一种附加的氮氧化物控制技术，已应用于其他类型的燃烧源。申请人对 BACT/LAER 信息交换进行审查，并与有经验的国家机构讨论，确定控制技术，允许在 NO$_x$ 未达标区域使用燃气轮机。与国家许可证颁发机构举行初步会议，以确定许可机构是否认为应评估任何其他适用的控制技术，并就拟议的控制层级达成一致。

表 3-4   燃气轮机氮氧化物控制技术选项总结

控制技术	控制效率（削减率）/%	简单循环涡轮机	联合循环燃气轮机	其他燃烧源	简单循环涡轮的技术可行性
选择性催化还原（SCR）	40～90	否	是	是	是
注水	30～70	是	是	是	是
注蒸汽	30～70	否	是	是	否
低氮氧化物燃烧器	30～70	是	是	是	是
选择性非催化还原（SNCR）	20～50	否	是	是	否

确定潜在的控制技术之后，就可以评估每种技术的技术可行性。选择涡轮机模型时考虑的因素可概括为满足峰值需求，燃气轮机的效率、可靠性要求及特定制造商的操作和维护服务方面的经验。建议涡轮机配备燃烧室，设计目的是达到 25×10^{-6} 氮氧化物（含蒸汽喷射）或 42×10^{-6}（含水喷射）的排放水平（15% O$_2$）（某些燃气轮机型号，无论是注水还是注蒸汽，都无法达到 25×10^{-6}）。SNCR 技术上不可行而被淘汰，燃气轮机的排气温度低于要求的温度范围。目前，没有将 SCR 技术应用于简单循环燃气轮机或峰值运行燃气轮机的实例。采用 SCR 的情况下，都有一个余热锅炉，用于将排气温度降至最佳范围。

申请人选择了表 3-5 所示的控制水平。确定 13×10^{-6} 水平是 SCR 的可行限值，该决定基于 LAER 排放水平，蒸汽注入量为 25×10^{-6}，SCR 去除效率为 50%。可达到的第二严格的控制水平是机组在其设计运行范围内可达到的最大水燃比下的蒸汽喷射，这种特殊的燃气轮机模型水平为 25×10^{-6}，由供应商的氮氧化物测试数据支持。第三严格的控制水平是机组在其设计运行范围内可达到的最大水燃比下注水水平为 42×10^{-6}，由供应商的试验数据支持。申请人评估的最宽松的标准是当前执行的 NSPS，浓度为 93×10^{-6}。根据定义，BACT 的严格程度不能低于 NSPS。下一步是开发不同控制备选方案的成本、经济、环境和能源影响。尽管自上而下的程序允许在不进行成本分析的情况下选择最佳备选方案，但申请人认为成本/经济影响过大，适当的文件可能证明 SCR 是 BACT，因此选择量化成本和经济影响。

表 3-5　控制技术水平

控制技术	排放限值	
	浓度/10^{-6}	t/a
蒸汽注入+SCR	13	44
最大设计速率下的蒸汽注入	25	84
以最大设计速率注水	42	140
注入蒸汽以满足 NSPS 要求	93	312

自上而下的 BACT 影响分析结果见表 3-6。基于以上影响，申请人建议不采用 13×10^{-6} 替代方案，认为在经济上不可行。申请人证明，成本高达 6 600 美元/t，远超出了类似来源 BACT 的 NO_x 控制成本的范围。与第二方案相比，56 200 美元的增量成本也很高。使用 SCR 还将导致每年排放 20 t 氨。根据这些情况，申请人建议取消 SCR 法替代方案，选择蒸汽注入，选择 25×10^{-6} 作为 BACT 排放限值。

表 3-6   自上而下的 BACT 影响分析结果

控制备选方案	涡轮发动机			经济影响				能源影响	环境影响	
	排放量		削减量/（t/a）	安装资金成本/美元	年化总成本/美元	平均成本/（美元/t）	增量成本/（美元/t）	比基线增加/（MMBtu/a）	毒性	不利环境影响
	lb/h	t/a								
13×10^{-6}	44	22	260	11 470 000	1 717 000	6 600	56 200	464 000	是	否
25×10^{-6}	84	42	240	1 790 000	593 000	2 470	8 460	30 000	否	否
42×10^{-6}	140	70	212	1 304 000	356 000	1 680	800	15 300	否	否
NSPS	312	156	126	927 000	288 000	2 285	—	8 000	否	否
不控制	564	282	—	—	—	—	—	—	否	否

3.2.2.4   在排污许可证中的实施机制

排放标准依靠运行许可证管理得到落实，以普吉湾 Ash Grove 水泥厂的运行许可证为例，许可证中规定了水泥窑、煤磨、水泥磨等各个受控产排污单元需要同时执行的各个层次、各种尺度、各种形式的排放标准要求。执行的排放限值形式多样，包括基于产出的绩效限值（lb/MMBtu，30 日均值）、排放浓度限值（10^{-6}）、排放率（lb/h）、排放量（t/a）等数值型限值，也包括各类计划和特定时期的特定要求等非数值型限值。排放限值或限制性要求与监测、报告和记录的要求，与测试方法一一对应，常规的方法通常引用 EPA 或者州法规中规定的方法，特定的要求根据限制性条款而定。运行许可证中规定的各产排污单元需要执行的排放标准如表 3-7 所示。

表 3-7　Ash Grove 水泥厂执行的排放标准（部分）

编号	遵守条款	实施日期	标准规定（限值或限制性条款）	监测、报告、记录	取值周期	测试方法
EU1.2	普吉湾清洁空气管理局 Reg.I: 9.04（c）（2）	1998.4.9	不透明度标准 从水泥窑烟囱中排放的任何污染物的排放值不超过不透明度标准的20%	II.B.1 不透明度连续监测系统（COMS）	6 min	EPA 绩效规范 1（40 CFR Part 60，附录 B）、EPA 方法 9（40 CFR Part 60 附录 A）
	NOC7381 和 PSD90-03 炉窑 BACT 许可（普吉湾清洁空气管理局令）					
EU1.9	普吉湾清洁空气管理局 第 7381 号令情形 5（a）	2001.6.6	在含氧量为10%的条件下，CO 的 8 h 平均值不得超过 1 045×10⁻⁶ 且不得超过 538 lb/h	II.B.2 SO₂、CO 和 NOₓ 连续监测	8 h 平均值	EPA 方法 10（40 CFR Part 60 附录 A）
	PSD 许可证 90-03 情形 3	2001.10.8	包含停工与检修期在内，CO 在 1 年内的排放量不得超过 2 352 t	II.B.2 SO₂、CO 和 NOₓ最大排放率监测	1 a	EPA 绩效规范 4（40 CFR Part 60 附录 B）
EU1.10	普吉湾清洁空气管理局 第 7381 号令情形 5（b）	2001.6.6	在含氧量为10%的条件下，NOₓ 的 24 h 平均值排放不得超过 650×10⁻⁶	II.B.2 SO₂、CO 和 NOₓ 连续监测	24 h	EPA 方法 7E（40 CFR Part 60 附录 A）
	PSD 许可证 90-03 情形 3	2001.10.8	包含停工与检修期在内，NOₓ 在 1 年内排放量不得超过 1 846 t	II.B.2 SO₂、CO 和 NOₓ最大排放率监测	1 a	EPA 绩效规范 2（40 CFR Part 60 附录 B）
EU1.11	普吉湾清洁空气管理局 第 7381 号令情形 2（c）	2001.6.6	在含氧量为10%的条件下，除了水泥窑开关期间，正常运行日期内 SO₂ 小时平均值不超过 180×10⁻⁶	II.B.2 SO₂、CO 和 NOₓ 连续监测	1 h	EPA 方法 6C（40 CFR Part 60 附录 A）
	PSD 许可证 90-03 情形 2	2001.10.8	包含停工与检修期在内，SO₂ 在 1 年内的排放量不得超过 176 t	II.B.2 SO₂、CO 和 NOₓ最大排放率监测	1 a	EPA 绩效规范 2（40 CFR Part 60 附录 B）

编号	遵守条款	实施日期	标准规定（限值或限制性条款）	监测、报告、记录	取值周期	测试方法
EU1.12	普吉湾清洁空气管理局第 7381 号令情形 6（a）; PSD 许可证 90-03 情形 32（c）	2001.6.6; 2001.10.8	在水泥窑启动阶段和关闭维护阶段，需要限制 SO₂ 的排放，遵守以下要求：（1）必须以天然气为燃料；（2）除硫环后才能开始运行；（3）按照附录 A 第 7381 号令的要求开开关关水泥窑	II.B.8 水泥窑工作监控	—	—
EU1.13	普吉湾清洁空气管理局第 7381 号令情形 5（d）	2001.6.6	除丁水泥窑 SSM 期以及 WAC173-400-107 规定的情形外，颗粒物每小时排放量不超过 10.6 lb	II.B.9 主除尘器颗粒物监测	1 h	普吉湾清洁空气管理局方法 5
EU1.14	普吉湾清洁空气管理局第 7381 号令情形 5（d）	2001.6.6	包括开启、关闭和设备维护期，颗粒物的年排放量不得超过 46 t	II.B.9 主除尘器颗粒物监测; II.B.10 生产率监控	1 a	—
40 CRF 第 60 部分 F 子部分硅酸盐水泥厂绩效标准（NSPS 标准）						
EU1.15	40 CFR 60.62（a）（1）; 40 CFR 60.8（c）	1975.10.6/ 1999.2.12	除丁 SSM 时期，使用每吨原料排放的颗粒物不得超过 0.3 lb	II.B.9 主除尘器颗粒物监测; II.B.10 生产率监控	1 h	EPA 方法 5（40 CFR Part 60 附录 A）
EU1.16	40 CFR 60.62（a）（2）; 40 CFR 60.11（c）	1975.10.6/ 1999.2.12	除丁 SSM 时期，水泥窑排放的不透明度不能超过标准的 20%	I.B.1 不透明度 COMS	6 min 平均值	EPA 方法 9（40 CFR Part 60 附录 A）
EU1.17	40 CFR 60.63（a）	1988.12.14	记录每日水泥生产量和原料使用量	II.B.10 生产率监控	—	—
40 CRF 第 60 部分 Y 子部分燃煤前处理设施绩效标准						
EU1.18	40 CFR 60.252（a）（1）; 40 CFR 60.8（c）	2000.10.17/ 1999.2.12	除丁 SSM 时期，煤磨的排放不得超过 0.031 gr/dscf①	II.A.1 一般不透明度监测	3 次小时运行	EPA 方法 5（40 CFR Part 60 附录 A）

① 1 gr/dscf（格令/干基标准立方英尺）=2 289.71 mg/m³。

编号	遵守条款	实施日期	标准规定（限值或限制性条款）	监测、报告、记录	取值周期	测试方法
EU1.19	40 CFR 60.252 (a) (2) 40 CFR 60.11 (c)	2000.10.17	除了 SSM 时期，煤磨排放的不透明度不能超过标准的 20%	II.A.1 一般不透明度监测	6 min	EPA 方法 9（40 CFR Part 60 附录 A）
EU1.20	40 CFR 60.253 (a) (1) 40 CFR 60.253 (b)	2000.10.17	从煤磨到除尘器的入口处，水泥厂需要校准、维护和持续运行温度监测设备	II.B.13 温度 CMS	—	—
EU1.21	40 CFR 63.6 (e)	2003.5.30	40 CFR 第 63 部分 A 和 LLL 子部分 所有时间，包括 SSM 时期，水泥厂需要运行和维护水泥窑，包括空气冶理设施，使得污染物的排放维持在一个最小值。在 SSM 期间，需要尽量减少水泥窑和煤磨的污染排放，使环境空气维持在一个安全的水平	II.B.14 水泥窑炉监测系统	—	—
EU1.22	40 CFR 63.6 (e) (3) (i)	2003.5.30	水泥厂需要详细地采用书面计划的形式对水泥窑的启动、关闭、维护进行描述，需保证证此时的管理符合 LLL 子部分的标准。SSM 计划需要包含 40 CRF 63.6 (e) (3) 要求的内容	II.D.8 NESHAP LLL 子部分记录 II.C.3 SSM 计划实时报告 II.C.7 半年度 LLL 子部分 SSM 计划报告	—	—
EU1.23	40 CFR 63.6 (e) (3) (ii) 40 CFR 63.6(e)(13)(ii)	2003.5.30	在 SSM 期间，水泥厂需要按照 SSM 计划的内容进行操作维护工作。发生故障时的活动也需要遵循 SSM 计划	II.D.8 NESHAP LLL 子部分记录 II.C.3 SSM 计划实时报告 II.C.7 半年度 LLL 子部分 SSM 计划报告	—	—

编号	遵守条款	实施日期	标准规定（限值或限制性条款）	监测、报告、记录	取值周期	测试方法
EU1.24	40 CFR 63.6（e）（13）（vii）	2003.5.30	如果 SSM 计划未被普吉湾清洁空气管理局认为符合 63.6（e）的规定，水泥厂需要修改 SSM 计划	不需要监测	—	—
EU1.25	40 CFR 63.6（e）（13）（viii）	2003.5.30	如果 SSM 计划失败，水泥厂需要在 45 天内修改 SSM 计划	无监测要求	—	—
EU1.26	40 CFR §63.1343（d） 40 CFR §63.6（t）	1999.6.14/ 2003.5.30	当布袋除尘器的入口温度大于 400℉① 时，在 7% 的含氧量条件下，排放到环境空气中的 Dioxin/furan② 不能超过 0.20 ng/dscm③；低于 400℉ 时，在 7% 的含氧量条件下，排放到环境空气中的 Dioxin/furan 不能超过 0.40 ng/dscm	温度 CMS	连续 3 h	EPA 方法 23（40 CFR Part 60 附录 A）
EU1.28	40 CFR §63.1344（a） 40 CFR 63.6（f）	2002.12.6/ 2003.5.30	在绩效测试期间，无论原料磨是否开启，进入水泥窑原料磨的气体温度不超过许可证中温度限值要求		3 h 滚动平均值	NIST（热电偶-电位器系统）校准
EU1.35	40 CFR §63.1350（a）-（b）	2002.12.6	水泥窑和原料磨需遵守 O&M④ 计划的规定：（1）对水泥窑/原料磨的控制设备采用适当的操作程序，保证满足 Dioxin/furan 的排放限值要求。（2）至少每年进行一次检查程序；如果检查程序失败，则认为违反 LLL 子部分的规定。（3）水泥厂需在 2002 年 5 月 24 日之前向普吉湾清洁空气管理局提交 O&M 计划；水泥厂可以选择将此 O&M 计划与一般 O&M 计划合并	II.B.14 水泥窑炉视察系统 II.D.8 NESHAP LLL 子部分记录保存		

① 1℉（华氏度）≈ -17.22℃。
② 表示二噁英英呋喃，是由一对分别通过一个或者两个氧原子连接在一起的苯环所组成的，是一类危险空气污染物。
③ dscm 表示干标准立方米。
④ 运行与维护。

3.3 美国、德国排污许可合规管理

3.3.1 美国、德国的国家立法提供排污许可监管的依据

美国排污许可证制度从建立初期到现在经历了不断完善的过程。1990 年对《清洁空气法》修订，美国环保局开始侧重对企业的合规监管和执法，以确保排污许可证中的规定得到落实。美国环保局协助各州制订州实施计划，并对各州的合规监管与执法计划进行评估，要求在计划中明确固定源范围，确定执法优先级，有清晰的可执行要求[68]。对于违法违规的企业，要进行处罚并提高监督频次，从而提高合规比例[69-70]。美国环保局制定了清洁空气法固定源合规监控策略（Clean Air Act Stationary Source Compliance Monitoring Strategy）[71]，提供指导性的框架，保证各州制订合规监管计划的一致性，同时也明确了各地方的灵活性空间。

德国《联邦排放控制法》将所有排放源区分为须申领排污许可证和无须申领排污许可证两种。对于所有的排放源，德国《联邦排放控制法》均规定了企业自查、检测机构核查及政府核查 3 种核查方式。其中，政府核查为主要的政府监管方式，可以由政府自行开展，也可以聘请符合条件的检测机构进行，政府核查包括：①常规性检查，检查频次由营运风险决定；②由特殊事件引起的核查，如发生严重事故、运营故障、投诉等；③执法重点核查，如针对某种排放源进行的核查。政府核查可以提前通知，也可以不经通知突击进行。

3.3.2 美国、德国固定源排污许可合规管理

3.3.2.1 美国的排污许可合规管理

与我国的综合要素排污许可一证式管理不同，美国的排污许可制度分别对大气、水、固体废物等环境要素进行监管，每种要素的证后管理整体上都是书面材

料核查与现场合规核查相结合，具体核查方式略有不同。例如，大气运营许可证合规核查，首先审核执行报告和支撑数据，现场核查时针对性地评估设施运行状态、是否有肉眼可见污染物、审查台账和操作日志、评估工艺运行参数等，并对污染物排放进行烟囱测试。美国证后合规监管通常对单一要素开展，但有时也会针对多个要素同时核查。大气运营许可证的许可方式和证后合规监管方式，与我国目前的排污许可证后监管方式更相似。

（1）大气运营许可证合规监管模式。我国排污许可证由企业在国家平台填报和提交申请材料，企业做出承诺，由主管部门依申请核发，政府不收取排污许可证费。与我国不同，美国的企业缴纳许可证费，管理部门根据企业申请材料梳理编写该企业的许可证。在编写过程中，管理部门的工程师会对申请报告中的生产设施、污染治理设施等进行深入了解和审阅，对企业污染排放情况和对大气环境的影响进行详细核算和模拟，将设施运行参数要求、污染物排放要求、台账数据记录要求、定期报告要求等，作为许可证中的条款列入。这些条款是合规核查的关键项目，是合规核查员需要仔细核查的项目。合规核查和执法人员的工作职责包括对固定源运行情况开展核查、必要时对污染物排放进行取样分析测试、法律诉讼援助，以及对居民和社会组织的投诉进行调查等。合规核查和排放测试报告是执法的基础，如果诉讼时企业对其合规管理无法充分说明，需要合规核查人员提出专家证词，也可能需要向律师提供额外的信息和协助，或要求工程处人员提供专家证词。此外，美国环保局还鼓励企业开展自行环境审计[72]，为企业提供若干激励措施，企业可以自我核查或聘请技术单位核查，发现问题及时报告并纠偏，从而免受处罚或者减少处罚。对于愿意主动发现、及时披露并迅速纠正违规行为的企业，监管部门会减少正式核查和执法频次作为激励。为了更好地引导企业制订自行环境审计计划，美国环保局还制定了一系列环境审计指南，指导企业评估自身是否符合法律法规的要求。开展自行环境审计和披露的企业可享受一定的政策优惠，包括在某些情况下取消民事处罚，或者免除刑事起诉等。

（2）清洁空气法固定源合规监控策略。根据清洁空气法固定源合规监控策略，证后核查方式包括"完全合规性评估"和"部分合规性评估","完全合规性评估"涉及所有受控污染源和污染物,评估每个产排污单元的合规状态及企业持续合规的能力。"部分合规性评估"可以仅评估某个特定方面,多个部分合规评估结合起来可完成"完全合规性评估"的要求。合规核查频次的规定:对于重大源每 2 年至少完成一次"完全合规性评估";对于超重大源,考虑合规核查的复杂性,可以延长到每 3 年一次;对于非重大源,每 5 年一次;对于小微源,没有明确要求。地方监管部门按计划定期核查重大源,并将合规状况输入全国合规与执法数据平台(ECHO),辅助确定证后监管核查的目标优先级和监管活动的等级。

(3)合规核查的形式与核查程序。大气运营许可证的合规核查形式包括现场合规核查、非现场核查、民事调查以及环境审计等,以现场核查为重点,其他几种核查方式通常与现场核查结合进行。在进入生产场所前,对企业的报告等书面材料进行核查,获取企业的基础信息,预判合规情况。现场核查时,通常会与企业相关负责人谈话,进行现场拍照及采样分析。同时,核查人员现场对企业的生产设施、污染治理设施和台账与报告进行核查,从中查找问题。现场核查的强度和范围,包括从不到半天的粗略核查到需要采集大量样本进行数周才能完成的详细核查。当企业遭到持续公众投诉、由其他部门转交或监管部门核查发现问题线索时,评估该企业可能产生严重的、影响范围很广的或持续违反民事或刑事法律法规的违规行为时,需要进行民事调查。民事调查非常详细,比一般的现场核查需要更多时间,一般的现场核查需要几天,民事调查则可能需要几周。

我国刚开始实施排污许可制改革并首次发证,且我国的排污许可制度首次以企业为主体申请核发,第三方环境咨询单位水平良莠不齐,导致排污许可证填报质量有待提高,排污许可证许可条款与现场不符情形较多。并且企业在首次发证后按证守法管理能力基础薄弱,在实施排污许可证要求,特别是落实自行监测要求、执行报告要求时,存在错报、漏报等各类问题。相较于我国的现状,美国的运营许可证制度已经开展了数十年,监管部门和企业都熟悉了运营许可证管理模式，企业对环保更为重视，安环部门往往人员数量多且富有长期从事环境管理的经验，第三方咨询市场也较为成熟，优质的环境咨询公司受到业界公认，具备较高的技术水平。在这样的大环境下，大气运营许可证、污水许可证等排污许可证由富有经验的环境工程师核算填报，再由环保局的环境工程师详细复核检查，从企业开始准备申请材料到核发许可证，往往要历经数月甚至 1～2 年的时间，许可证质量更高且企业理解和执行得更全面和细致。同时，在企业取得排污许可证后，美国环保局及各州环保局实施证后监管核查人员多为固定负责某个领域的专业技术工程师，具备丰富的知识和实践经验，对其所监管的企业的许可证要求、监测记录等相关核查内容非常熟悉，可以快速进行判断。另外，美国的环境违法成本非常高，一旦发生重大违法行为，企业遭受的处罚可能直接导致公司破产。因此，经过长期的政策实践，美国企业普遍守法，基本能够如实汇报，漏报或报告虚假信息的情况较少，即使有错报、漏报也往往是可以解释并改正的。

核查人员首先根据核查任务表，对企业提交的书面材料进行核查和初步分析，并制订现场核查计划进行现场核查。资料核查是为了确定合适的核查范围，选择核查问题，确定核查时段，确定要用的核查设备及安全设备的种类，其中一项重要内容是对大气运营许可证中所列明的企业需要执行的污染排放、运行情况有关的条款进行逐一核对。进入固定源企业后，与企业人员召开预检会，讨论核查范围，要求企业提供所需的记录和其他信息。在现场核查时，核查人员收集并在必要时复印记录，记录所有必要的信息，以便对设施运行的合规状态进行技术评估。核查完成后，进行核查后的会谈，讨论内容限于澄清问题和后续请求，以获取工厂提供的更多信息。现场核查后完成合规核查报告，包括总结核查的目的、范围和结果等内容。合规核查的报告最后会由执法部门反馈给企业，并要求企业在特定时间内对合规核查中指出的问题进行反馈说明，并承诺限期改正。美国固定源合规监管基本流程如图 3-2 所示。

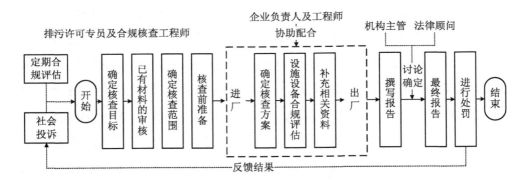

图 3-2　美国固定源合规监管基本流程

　　以某发电厂的锅炉为例，许可事项和许可条件主要分为燃烧运行限值、排放限值、不透明度要求及污染控制设施运行要求四类。核查的第一步是前期准备，通过核查文件资料，分析锅炉和控制设施信息，了解大气运营排污许可信息、历史违规情况和投诉、运行异常的历史、排放测试等信息，有助于在核查中发现异常状况。第二步是现场核查。首先，核查人员与企业负责人或相关负责人进行谈话，说明核查任务以及了解企业环保管理状况。随后，对企业产排污设施的运行以及企业的合规状况进行详细核查，包括观察运行状态和对运行的历史数据记录与设计参数比对分析，进行排放量等数据核算，必要时进行采样分析，在此过程中完成核查计划清单的记录。最后，完成核查项目内容，并撰写和完成核查报告，核查结束。

3.3.2.2　德国的排污许可合规管理

　　为了保证欧盟整体范围内环境监管的统一，《欧盟工业排放指令》（2010/75/EU）要求各成员国针对指定类型的排放源建立监管系统，以监管这些排放源所有方面的环境影响。为了响应该欧盟指令，德国以其《第四联邦排放控制条例》中 **IED-Anlagen** 排放源明确为须制订执法计划的指定类型的排放源制定排放标准。同时《联邦排放控制法》规定了所使用的监管工具为执法计划和针对每个排放源的核查方案。

指定类型的排放源具体包括九大类 118 项，针对以上排放源的执法计划包含以下内容：①规划适用的地理范围；②对该规划适用范围内重要环境问题的总体评估；③该规划适用范围内所有排放源列表；④制定常规性核查方案的程序；⑤发生特殊事件后进行核查的程序；⑥如有必要，与其他监管部门的合作。

以下萨克森州的执法计划[73]为例，执法计划由州环境、能源和气候保护部制订，分导则、法律依据、排放源核查/环境监管、实施及附件 5 部分组成。其中，"排放源核查/环境监管"分为适用范围、环境基本状况、基于风险评估制定多环境要素现场执法计划的标准、特殊事件发生后的核查四部分。"适用范围"包括管理的地域范围和核查内容及核查措施。核查措施包括现场核查、污染物排放监测技术和数据核查、调取企业内部报告、对企业内部管理制度的核查等。"基于风险评估制定多环境要素现场执法计划的标准"规定了常规性核查间隔时间为 1~3 年，由气、水、固体废物、土等多要素部门联合，综合考察排放源的潜在危险、污染排放量、对水和土壤环境的其他影响，以及参与欧盟生态管理和审核计划（EMAS）的情况确定。"特殊事件发生后的核查"中规定被投诉的排放源不受核查间隔规定的限制，一旦发生须立刻开展核查；投诉有效时，必须立刻采取法律救济措施。

德国的排污许可证与我国相同，都属于全环境要素综合排污许可证。在实施核查时，"跨部门监管措施/环境核查的执行"条款规定由负责垃圾处置、水污染、废水处理、生产安全的各主管部门参与确定现场核查频次。如果核查的固定源由企业同一个负责人负责，核查工作时间相似，现场核查必须由多部门同时进行。每次现场核查结束后，各主管部门都要填写规定的表格，做出关于排放设施是否遵守许可规定、是否采取及采取何种后续措施的核查结果报告。核查工作的资料搜集和核查结果的记录都须按照统一的表格进行。在跨部门核查时，其他参与部门须在法定时间内向牵头的环境部提交其填写的报告表内容，牵头的环境部须在现场核查结束后 2 个月内向排污单位送达核查结果报告。现场核查结果的公示按照欧盟指令 2003/4/EG 的规定，告知排污单位后，在现场核查结束 4 个月内向社会公开，核查报告的结论须在主管部门网站上永久公开。

3.4 美国、欧盟排放标准体系构建与排污许可合规管理的启示

对美国、欧盟排放标准体系构建与排污许可合规管理的经验和教训进行分析：第一，在环境法律中明确规定了排放标准的目的、性质、层次结构，明确排放限值通过许可程序实施的机制，值得我国借鉴。美国在此方面的主要问题是贯彻预防原则的政治阻力大[74]，为了降低政治阻力采取"新旧隔断型"监管[75]，对新源实施更严格的监管，成本有效性低[76]。欧盟各成员国环境法律制度不同，采用的限值宽严尺度有别，存在国家之间的外部影响问题。第二，美国、欧盟排放标准体系激励技术进步的机制可供我国借鉴，特别是欧盟鼓励使用自愿型规制，企业的自由度更高，技术激励性更强。但是，美国和欧盟由于信息交换和共享机制的限制，排放标准的技术进步激励作用受到不利的影响。

美国和欧盟都具有地域广阔、地区间差异大的特点，制定统一的基于技术的固定源排放标准作为全域内的底线要求，美国统一制定的国家排放标准进入《美国联邦行政法典》（CFR）中成为法规，欧盟统一制定的 BAT 排放标准由各成员国转化为国内法规。同时，为了满足不同地区的空气质量管理目标，美国建立了更复杂的 BAT 系列排放标准体系，欧盟则是在 BAT 排放标准限值范围内，由各成员国选择不同宽严尺度的限值。美国和欧盟的环境法律中包含着如"最佳示范技术""最佳可得控制技术"这种"不确定法律概念"的排放标准确定原则，还规定了制定主体和制定程序，为排放标准制定与技术发展的关系提供框架性指引，以防止预防原则被任意解释、扩张解释、割裂解释。但是，两者的制度和法律体系不同，对预防原则的贯彻情况也不同。欧洲民法法系国家出于历史和社会传统，公众赞成以成文法的形式认可科学研究和技术进步的结果，而美国容易遭受政治领导个人竞选、司法审查争论等影响，贯彻预防原则的政治阻力更大。笔者通过

对美国专家进行访谈，认为"新旧隔断型"监管形成了过于复杂的 BAT 体系，呈现一种碎片化的管理形式，企业难以理解和实施。相较于美国，欧盟不是一个统一国家，需要各成员国将 BAT 转化为国内法规，不同国家宽严尺度有别，存在国家之间的外部影响问题。

通过分析美国、欧盟排放标准构建，得到如下启示：一是我国作为成文法国家，贯彻"预防原则"，需要在环境法律中明确排放标准体系构成，明确各项排放标准的定位和作用，明确制定主体和制定程序，减少因自由裁量权带来的政治影响。二是我国作为统一的大国，适宜使用基于技术的国家排放标准作为底线，同时为了满足各地的空气质量管理要求，可使用更灵活的排放标准形式，但是必须由国家统一建立规则和进行有效监督，限制政治影响，避免出现碎片化问题。三是排放标准设计时，要在排污许可制度框架内，明确排放标准体系与排污许可制度相衔接的运行机制，以保证排放标准能够有效实施。以污染防治的先进可行技术要求为依据核发排污许可证时，核发部门就不再根据国家污染物排放标准的直接数值规定来确定排放限值，而需要根据行业污染防治可行技术指南这个本身属于推荐性国家标准的全部相关条文，具体考察申请单位所适用的技术和管理要求，确定其排放限值。这对核发部门提出了更高的专业要求，同时也带来了行政合法性风险。而在对核发排污许可证这一行政许可行为进行司法监督时，司法系统是否具备足够的能力和专业资源，也无疑会影响我国污染防治可行技术体系的实际执行。

为了在改善空气质量和发展经济之间取得平衡，固定源污染控制的根本出路在于技术进步。基于技术的排放标准的基础是"技术"，直接目标是激励技术不断进步，减少固定源污染物的排放，直至零排放，实现保障公众健康和福利的终极目标。但是排放标准又不能过严，导致企业投入过高成本仍然无法达标。因此，需要有一系列分层次、分等级的标准，激励技术不断进步。美国通过排放标准制修订机制，激励固定源在成本可接受的范围内，不断采用更先进的控制技术。首先，由 EPA 按照一定的程序，定期修订 NSPS 和 NESHAP，作为国家最低限度的排放标准，能够有效阻止某些地区为了同其他地区竞争而降低排放标准，吸引技术落后的污染企业的企图；其次，NSPS 和 NESHAP 是确定 LAER 和 BACT 排放标准的导则，LAER 和 BACT 必须严于国家标准，在逐源确定的过程中随时间的推移不断加严，给了排污者更多的压力，迫使他们寻求效率更高、成本更低的高绩效减排技术途径；最后，在下一周期的 NSPS 和 NESHAP 修订时，总体污染控制技术水平已经取得了一定的进步，国家标准也将更加严格。NSPS 和 NESHAP 的制定由 EPA 主导，企业、普通公众及环保组织共同参与审核，所有的利益相关方都有机会表达自身的主张与诉求，批判性地审查每份排放标准制定过程中的文件。制定过程的背景文件，包括控制技术分析、测试技术的评估和核查、排放限值的可达性识别、执行后的经济影响分析等，最终汇总为一份材料对全社会公开。但是，美国以命令-控制型规制为主的体系，以及存在新污染源偏见、碎片化的管理体制、信息共享不畅等问题，导致企业研发新技术的内生动力不足。欧盟将 BAT 排放限值设置为范围值，自由度更大，并通过一定的技术交流和推广机制，有助于激励企业技术进步。但是，欧盟同样存在信息不畅、国家间外部影响等问题，排放标准带动整体进步需要的周期较长。欧盟最值得参考的经验是鼓励使用协商协议等自由度更高的政策，大幅降低了企业与政府信息不对称导致的低效问题，由企业采用更加灵活的减排技术和管理方法，经济效率更高。相比之下，由于法律的限制，美国自愿协议式的排放限值使用很少，对传统政策只是进行有限的对抗[77]。可见，排放标准体系要作为一个整体进行设计，需要充分组合使用不同的排放标准类型，使用自愿性排放标准能够拉动技术进步，合理设计排放标准体系能够推动整体技术进步。

在合规管理机制方面：第一，完善制度建设和法律支撑。美国和德国已经建立了完善的制度，经过数十年的发展，相关的法律法规技术指南等已成体系，已经形成了一套操作性强的合规管理实施流程。第二，鼓励企业自行审计和制订执法计划。从企业守法管理角度，美国的企业自行审计政策能够促使企业对自身的设施运行和污染排放的合规性进行评估，主动发现问题，及时进行纠偏。从政府监管角度，美国的"合规监管策略"和德国的"执法计划"都通过详细的、可操作性强的程序和内容，既可以保证执法尺度的统一，又能保证行政管理的高效。

第三，培养技术力量和创新监管方式。我国排污许可制度在推行过程中，普遍存在技术力量不足、技术人员流动性大等问题，如果参考美国和德国模式，政府雇佣大量专业技术公务人员或委托技术单位承担此项工作，从管理体制到财政资金支持上都难以实现。同时，我国具备后发优势，排污许可证申请、核发、监管都通过国家排污许可管理平台实施，各地排污许可证的样式完全相同，且管理体制上国家、省（区）、市各级主管部门分工明确。我国可以创新信息化监管模式，通过开发大数据管理模块，快速完成合规监管所需的数据比对分析等工作，减轻基层现场核查的难度，降低合规核查的行政成本。

第4章 我国排放标准制度评估和存在问题分析

4.1 排放标准研究综述

对我国固定源污染物排放标准体系的形成过程和现状进行总结，可以发现以下特点：第一，经过40多年的发展，我国已形成覆盖重点排放源的国家和地方两级排放标准体系，国家和地方排放标准都具有强制性；第二，在工业化量变阶段，排放标准推动了技术进步、促进了污染物大量减排，已取得显著成效；第三，环保法律对排放标准的规则性问题规定不够清晰，难以满足工业化质变阶段的管理需求。

我国的固定源污染物排放标准体系自计划经济时代形成和发展起来，与美国、欧盟等的标准体系不同[78]。在标准体系的整体研究方面，赵朝义、廖丽等[78-79]学者进行比较研究，发现在欧美发达国家和地区，行业协会等市场主体在标准化活动中起到了不可替代的作用，大量标准由民间"第三部门"制定，成为自愿性标准，再由技术法规引用后成为具有强制性的技术法规。王平等认为我国的标准源于计划经济政府组织规模化生产的手段，计划经济下的标准全部具有强制性[80]。刘三江等认为，改革开放后由于市场经济体制改革的深入发展，以政府为主导的标准供给模式，已不能很好地满足经济社会快速发展的需求[81]。除了国内学者，Dieter Ernst 对中国和美国的标准进行比较，认为中美具有显著不同的政治和经济制度，美国的标准体系相较于中国存在分散化自组织体系带来的缺乏协调等问题，中国标准化体系参考美国经验可以在保持市场开放的情况下更好地促进自主创新[82]。何雅静等对我国标准化改革工作开展之后的标准属性和层级设计进行研究，认为当前由政府主导型的强制性标准体系向技术法规和自愿性标准体系的转化已是大势所趋[83]。在排放标准体系研究方面，国内长期从事排放标准制修订工作的研究者多基于我国标准化已形成的路径进行研究和提出建议。江梅等回顾国家大气污染物排放标准体系的历史沿革，认为 2000 年《中华人民共和国大气污染防治法》修订提出了"超标违法"，将排放标准作为判断"合法"与"非法"的界限，巩固了排放标准的强制性[84]。周扬胜等对大气污染物排放标准制定的法律原则和程序进行研究，认为现行《中华人民共和国大气污染防治法》的授权条款单薄，存在立法技术缺陷，在标准体系规划方面不完备，在指标选择、限值宽严等方面人为理解和把握的情况较多，导致排放标准的执行存在随意性、执法自由裁量权过大，更为重要的是，由于对排放标准的法律规则性问题认识不清，环保标准从属于产品、服务质量标准，没有完全按照部门规章立法程序管理[85]。王志轩、徐振等[86-87]针对火电排放标准的执行情况研究验证了以上论述，排放标准的达标判定规则不健全，在标准限值变严之后，强制执行的刚性容易引发"普遍性违法"的问题。

总体而言，研究者对我国当前固定源污染物排放标准体系存在的不足已有共识。但是，在排放标准体系完善的路径上，多数研究仍延续原有思路，在强制性排放标准的框架内提出建议，在基于污染控制技术以及与环境质量、环境容量挂钩等层面进行探讨，对排放标准体系的分层结构、属性、定位、作用等基础性问题，缺少深入剖析。与此研究深度、广度相适应，现行固定源污染物排放标准体系仍保留标准化改革前的管理模式，即由国家排放标准和地方排放标准构成，且都是以政府为主导制定的强制性技术标准，其内容、形式、制定程序基本一致，差异主要表现在制定主体不同，地方排放标准限值比国家排放标准限值更严格，构成以命令-控制型规制为主的排放标准体系。

目前，已有的研究均完成于 2018 年《中华人民共和国标准化法》出台之前，在标准层级、制定主体、强制效力分类等方面，与该法的协调性论证不足。2018 年

《中华人民共和国标准化法》既借鉴国外经验，又考虑中国国情，重点解决活力与秩序的关系问题，实现放开搞活、精准管理、多方参与、多元共治[88]。在排放标准体系上，2018 年《中华人民共和国标准化法》明确将标准分为国家标准、行业标准、地方标准、团体标准、企业标准，其中国家标准又分为强制性标准和推荐性标准[89]。

4.2　排放标准政策评估

4.2.1　排放标准的定位评估

4.2.1.1　我国排放标准的发展历程和性质作用

　　根据《中华人民共和国标准化法》的规定，标准是对重复性事物或概念所做的统一规定，是一种需要共同遵守的准则和依据。大气污染物排放标准是为防治环境污染，达到环境空气质量标准，保护人体健康和生态环境，结合技术经济条件和环境特点，限制排入环境中的大气污染物的种类、浓度或数量或对环境造成危害的其他因素而依法制定的，是各种大气污染物排放活动应遵循的行为规范，具有强制效力。排放标准中规定的污染物排放控制要求，都是在现实条件下可量化、可测量、可核查的基本要求。排放标准是根据国家环境质量标准和国家技术、经济条件制定的，是以环境保护优化经济增长和控制环境污染源排污行为、实施环境准入和退出的重要手段，对削减污染物排放、降低环境风险、改善环境质量、保护人体健康具有重要作用，对于产业结构调整和促进技术进步具有重大意义。

　　我国的大气污染物排放标准从 1973 年开始起步，先后经历了起步、初步形成、体系调整和快速发展等阶段，已经初步形成了较为完善的大气污染物排放标准体系，基本覆盖了我国大气污染物排放重点源。1973 年，由国家建委、国家计委和卫生部联合发布的《工业"三废"排放试行标准》（GBJ 4—73）是我国第一项环境保护标准，规定了 13 种大气污染物的排放速率或浓度。1979 年，我国第一部

《中华人民共和国环境保护法（试行）》发布实施；1987 年，我国第一部《中华人民共和国大气污染防治法》发布实施；1989 年，修订后的《中华人民共和国环境保护法》正式发布实施。根据上述法律，我国建立并实施了一系列的大气环境保护管理制度，环境质量标准和排放标准的法律地位与作用得到进一步明确，国家对排放标准的制修订工作也得到进一步加强。至 1991 年，共制修订 14 项行业和通用设施的大气污染物排放标准，这一时期我国主要控制的大气污染物是烟粉尘，这些排放标准规定的污染物也主要是烟粉尘。在排放标准体系初步形成阶段，我国制定了一系列排放标准，但实施过程中标准交叉问题较为突出。因而在 1989 年前后，我国开始对大气污染物排放标准体系进行系统梳理，并根据环境管理要求，建立"以综合型排放标准为主体，行业型排放标准为补充，两者不交叉执行，行业型排放标准优先"的排放标准体系框架，大气污染物排放标准体系发生了重大变化。至 1996 年，共计 7 项固定源大气污染物排放标准，火电、水泥、炼焦等行业执行专门适用的大气污染物排放标准，标准中未规定的污染物不执行《大气污染物综合排放标准》。其他各类污染源一律执行《大气污染物综合排放标准》（GB 16297—1996）。GB 16297—1996 适用的污染源非常广，在大气污染物排放管理中发挥着重要作用，但也存在排放控制要求适用性差、针对性不强等问题。2000 年修订的《中华人民共和国大气污染防治法》明确规定"超标违法"，这赋予了大气污染物排放标准极高的法律地位，标准成为判断"合法"与"非法"的界限。《国务院关于落实科学发展观　加强环境保护的决定》和第六次全国环境保护大会对环境标准工作提出了更高要求，在"十一五""十二五""十三五"环境保护标准规划中，加大了制定行业型污染物排放标准的工作力度，提出了钢铁、煤炭、火力发电、农药、有色金属、建材、制药、石化、化工、石油天然气、机械、纺织印染等重点行业污染物排放标准制修订任务，增加行业型排放标准覆盖面，逐步缩小通用型和综合型污染物排放标准适用范围，除了控制常规污染物，更加重视有毒污染物，如重金属、VOCs 排放的控制。

法学学者普遍认为我国的强制性技术标准与多数国家的强制性技术法规性质

不同。大多数国家都是按照国际标准化组织（ISO）或国际电工委员会（IEC），或者按世界贸易组织贸易技术壁垒协议（WTO/TBT）的定义来定义本国的技术法规[90]。技术法规具有法律的两个特征，由国家制定或认可，由国家强制力保证实施[91]。根据 ISO/IEC 指南 2[92]，强制性标准的强制性来源于法律或法规的排他性，由法律法规赋予标准强制性。例如，美国的国家行业排放标准（NSPS 和 NESHAP）位于《美国联邦行政法典》（CFR）中，为技术法规。

在我国，法律法规规定强制性执行的标准是强制性标准。何鹰[93]认为我国的强制性标准不属于正式的法律渊源，不能作为法院的审判依据，陈燕申等[94]对比中外强制性标准后认为美国和欧盟采用了自愿标准制度，遵循 ISO 的技术法规与强制性标准的定义，中国与其不同，是一种强制性标准。法学学者建议我国取消强制性标准，建立技术法规制度，通过立法程序，将强制性标准转化为技术法规，作为部门规章确立明确的法律地位。根据《中华人民共和国立法法》的规定，制定规章的目的是执行法律。根据《中华人民共和国环境保护法》第十六条的规定，国务院环境保护主管部门制定国家污染物排放标准，省、自治区、直辖市人民政府制定地方污染物排放标准。如果将排放标准作为规章，国家行业排放标准的制修订应当按照《中华人民共和国立法法》第八十三条部门规章和地方政府规章的制定程序，按照国务院《规章制定程序条例》执行。

4.2.1.2　现有环境法律中缺少"不确定法律概念"的原则性条款

《中华人民共和国环境保护法》第十六条规定："国务院环境保护主管部门根据国家环境质量标准和国家经济、技术条件，制定国家污染物排放标准。省、自治区、直辖市人民政府对国家污染物排放标准中未作规定的项目，可以制定地方污染物排放标准；对国家污染物排放标准中已作规定的项目，可以制定严于国家污染物排放标准的地方污染物排放标准。地方污染物排放标准应当报国务院环境保护主管部门备案。"《中华人民共和国大气污染防治法》第九条规定："国务院生态环境主管部门或者省、自治区、直辖市人民政府制定大气污染物排放标准，应当以大气环境质量标准和国家经济、技术条件为依据。"以上法律立法模式一致，都规定污染物排放标准的制定要以环境质量标准和国家经济、技术条件为依据。如何做到与复杂的环境质量标准体系相协调，如何定位国家经济、技术条件，在规定污染物排放的种类、限值、监测方案、检测方法等技术细节时，社会的技术发展如何纳入法制轨道，在规范性文件中写入这些技术细节从而试图对污染物可能造成的健康、财产、生态安全损害进行最大限度预防时，如何考量环境质量标准、国家经济技术条件的权重，这几部法律并未提供更多帮助，只是延续了我国立法"宜粗不宜细"的传统，这个传统已无法满足日益精细化的社会管理要求。

固定源污染物排放的种类、限值、监测方案、检测方法等技术细节的发展水平在社会多种主体的共同参与下形成，而规范性文件代表国家意志，耗费公共财政资源加以执行。将技术细节写入规范性文件的过程就是国家意志与社会各方互动的过程。技术发展的路径千差万别、方法各具特色，国家应当能够通过具有引领、统筹作用的原则性条款立法将其整合起来，"不确定法律概念"就是关于如何对多种技术路径、方法进行评估的，是国家意志对技术发展决定污染物排放水平进行统筹的总体原则。因此，只有含有这种"不确定法律概念"的原则性条款才具有法律的指引作用，否则即便满足法律的要件，也会因其缺乏确定性，过于宽泛而留下任意解读的空间，导致法律条款无法实现国家宪法赋予的环境保护职能而不具有法的实质性效力。

4.2.1.3 国家污染物排放标准的定位和存在的问题

国家污染物排放标准在我国是强制性技术标准，制修订程序严格，经过科学研究支撑、数据评估分析、多方意见征集与博弈、成本—效益分析等环节，合法性和公平性强。针对排放标准这样的命令-控制型规制，一直存在排放标准成本收益低下、排放限值严格与宽松等争议。国家污染物排放标准是一种基于技术的排放标准，针对一个行业、一个地区提出"统一"的适用要求，在环境行政管理实践中作为审批依据适用，而全国或全省不同区域的环境质量状况、经济发展水平差异较大，无论如何进行宽严权衡，都难以做到满足所有区域和企业的不同要求。

国家污染物排放标准基于一定技术水平，对排入环境中的污染物的种类、浓度或数量等进行限制，实现污染减排的目标。国家污染物排放标准不以环境质量为直接目标，而是通过限制控制技术水平，由国家主管部门严格按程序制定并定期评估和修订，具有足够的权威性，强制性地保证全国范围内所有同类型固定源采用普遍使用的可行控制技术，有效阻止某些地区为了竞争优势而吸引技术落后企业的企图，可以避免为降低成本放松管制导致的"公地悲剧"。我国污染物排放标准的制定和执行容易受到监管氛围的影响。2000 年，《中华人民共和国大气污染防治法》等明确"超标违法"，由"超标收费"变为"排污收费、超标违法"，排放标准体系调整为以行业型为主、综合型为辅。在"超标收费"阶段，标准的制定相对宽松，执行力度弱，随着"超标违法"阶段污染控制压力的逐渐增大，不同阶段制定的污染物排放标准宽严尺度不一。强制执行力增强也带来了缺少充分的达标判定依据、容易出现"一刀切"等问题。

以水泥行业为例，水泥行业是首批制定污染物排放标准的重点行业之一，目前实施的《水泥工业大气污染物排放标准》（GB 4915—2013，以下简称 2013 版标准）自 1985 年首次发布以来第三次修订。修订思路由"充分利用环境容量"到"以控制技术确定排放限值"，2013 版标准中明确了基于控制技术制定标准的原则[95]。2013 版标准修订时，我国面临的空气污染问题已经从以酸雨为主转变为以细颗粒物和臭氧为主，需要大幅削减 NO_x 排放。2011 年，国务院出台的《"十二五"节能减排综合性工作方案》提出"新型干法水泥窑实施低氮燃烧技术改造，配套建设脱硝设施"的重点任务。2013 版标准的修订基于当时技术可行、经济合理的颗粒物和 NO_x 控制技术，针对颗粒物和 NO_x 等主要排放因子，根据控制技术的进步水平提高标准，同时通过控制原燃料品质、运行工况条件，保证 SO_2、氟化物、Hg 等稳定达标排放[96]。随着 2013 版标准的出台和实施，全国范围内的企业经过提标改造和技术升级，无组织颗粒物排放量大幅降低，企业厂区环境有效改善。笔者根据陕西省工信部门公开的 65 条水泥熟料生产线清单，选取空气质量具有显著差异，且位于关中、陕南、陕北三个区域的 20 家企业进行调查。根据企业 2019 年度排污许可证执行报告，所有企业在正常工况运行时段都能达标，污染物排放超标问题主要存在于系统开停机、故障检修、在线设备调试等阶段。水泥窑的工况频繁波动，NO_x 排放浓度受人工控制或自动控制水平的影响[97]，与企业的自动控制水平和管理能力相关。20 家企业中，只有 1 家企业由于生产波动，1 年内 NO_x 累计超标 162 h，占总运行时长 5 140 h 的 3.15%。可见，在当前的考核要求下，多数水泥企业已经能够持续稳定达标，但是执行统一标准无法同时满足达标区和未达标区的不同空气质量目标要求。

当前，法律法规对污染物超标排放强化了按日计罚、超标入刑等要求，污染物排放标准执行的"刚性"进一步凸显。但是，在实施排污许可管理的过程中，执行排放标准需要做到可监测、可记录、可核查，2013 版标准缺少达标判定要求，即对于在线监测数据缺少如何使用和判定的要求。这种情况在我国的排放标准执行中是一类普遍现象。例如，山东省公布的 2020 年 2 月自动监控小时平均值超标督办月报中，存在废气小时超标企业 1 126 家（次），全部进行了无罚款警告等处理[98]。由于排放限值对应的平均考核周期、达标判定规则没有同步制定并纳入标准中，在实施排污许可证管理时，难以保证执行的一致性，执法部门难以维护污染物排放标准的执行"刚性"。

此外，国家层面最常运用的机制是设定特别排放限值，即"重点地区主要是一些国土开发密度较高、环境承载能力开始减弱，或环境容量较小、生态环境脆弱的地区，在这些地区容易发生严重环境污染问题，因此与一般地区相比，重点地区（尤其是位于重点地区的重污染行业）必须坚持环境保护优先，采用目前最可行、最高效的污染控制技术，达到更加严格的污染物排放水平，即执行污染物特别排放限值"[99]。在重点地区采取污染物特别排放限值，在污染物排放虽然对本已脆弱的自然环境、人体健康、自然资源一定会产生破坏，但破坏程度尚无法准确确定时，就采取技术所能达到的最严格的保护或者预防措施，这是贯彻环境保护法"预防原则"的典型做法。但是，当前在确定和执行特别排放限值时，已经产生了一系列滥用预防原则的行为，如未经严格论证随意扩大国家政策文件中规定的特别排放限值的地理适用范围，特别排放限值的规定与监测方法不配套，特别排放限值所规定的标准值无法实现，特别排放限值的执行依据不明确导致执行时间、适用范围、污染物种类、污染物排放限值、过渡规定等所有具体规定不明确或不合理[100]。

4.2.1.4 地方污染物排放标准的定位和存在的问题

在政府主导制定的污染物排放标准中，地方标准数量众多。按照国务院《深化标准化工作改革方案》和《中华人民共和国标准化法》的规定，地方排放标准仍属于强制性标准。按照《中华人民共和国环境保护法》第十六条第二款的规定，省、自治区、直辖市人民政府对国家污染物排放标准中未作规定的项目，可以制定地方污染物排放标准；对国家污染物排放标准中已作规定的项目，可以制定严于国家污染物排放标准的地方污染物排放标准。然而，自1994年分税制改革以来，以财政分权和地方政府竞争为特色的改革模式，成为推动中国经济持续增长的重要力量。在这种增长模式下，在追求GDP增长的激励下，地方政府可能会选择放松环境管制等手段展开竞争，以环境资源换取经济增长，尤其是外溢性公共物品及覆盖全国的纯污染公共物品的污染排放强度，在这种财政分权模式下增长明显。

此外，由于排污费收取的人为因素较大，排污费政策对污染物排放的抑制效应不明显，排污费不能有效降低污染物排放。尤其是对于废气排放来说，排污费征收反而增加了企业的废气排放，因为地方政府针对不同的环境污染采取不同的策略，而排污费从某种程度上是地方政府增加财政收入的一种手段，地方政府对产值大、利税高的排放废气的企业倾向于放松管制[101]。在这样的社会经济发展背景下，制定严于国家污染物排放标准的地方污染物排放标准，并非地方政府的必然选择，而是国家层面环境管制政策不断加严、环境保护地方责任的政治压力不断增大的结果。

4.2.1.5　排污许可制度中的污染防治可行技术分析

根据《中华人民共和国标准化法》第二条，推荐性标准为企业自愿采用，同时国家将采取一些鼓励和优惠措施，鼓励企业采用。但在有些情况下，推荐性标准的效力会发生转化，如推荐性标准被相关法律、法规、规章引用，则该推荐性标准具有相应的强制约束力，应当按法律、法规、规章的相关规定予以实施。《排污许可管理办法（试行）》第十四条和第十五条规定了排污许可证副本中应当记录或规定的登记事项和许可事项，这些登记事项和许可事项都是污染防治可行技术指南的内容。根据《污染防治可行技术指南编制导则》（HJ 2300—2018），污染防治可行技术指南是为了"落实《国务院办公厅关于印发控制污染物排放许可制实施方案的通知》"，且在编制原则上"应与《固定污染源排污许可分类管理名录》相衔接"，同时现行有效的行业排污许可证申请与核发技术规范中，都将污染防治可行技术要求作为审核排污许可证申请材料的参考，一旦按照排污单位的申请将这些技术和运行管理要求载入排污许可证，排污单位就必须按证排污，核发部门就必须按证监管。污染防治可行技术通过《排污许可管理办法（试行）》的引用，具有了强制约束力。将"至少使一项主要污染物的排放稳定低于国家污染物排放标准限值 70%"作为污染防治先进可行技术的确定标准，是《污染防治可行技术指南编制导则》（HJ 2300—2018）区别于之前（最佳）可行技术指南的地方，也不同于欧盟、美国、日本等主要工业国家和地区关于最佳可行技术指南的规定[102]。该导则自 2018 年 3 月 1 日起实施以来，还没有（行业）污染防治可行技术指南据此导则编制并公布，该导则的执行效果未知。

4.2.2　排放标准层级体系和文本内容评估

4.2.2.1　层级体系设置

按照《环境标准管理办法》的规定，排放标准分为国家污染物排放标准（或控制标准）、地方污染物排放标准（或控制标准）。国家环境标准又分为强制性标准（GB）和推荐性标准（GB/T）。按照中国环境科学研究院环境标准所的分类方法[103]，排放标准法律技术规范体系包括主体部分——各类强制执行的固定源排放标准，以及作为补充的需要固定源强制遵守的监测技术标准和指南、作为排放标准支持的非强制性环境管理技术规范或技术指南共同组成，如图4-1所示。

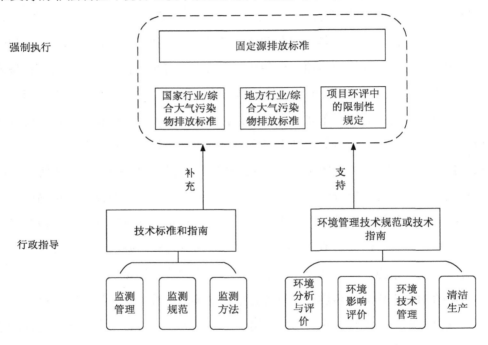

图4-1　排放标准层级体系

　　我国排放标准按照层级分为国家排放标准、地方排放标准，国家排放标准和地方排放标准通常分行业制定，也包括少量针对多个行业的综合排放标准。排放标准中主要包括颗粒物、二氧化硫、氮氧化物三项常规空气污染物，以及危险空气污染物。对于重点排放设备和行业，制定了行业排放标准。现有的行业排放标准覆盖了主要排放污染物以及主要的排放因子，对于非重点行业和行业排放标准未覆盖的污染物，执行《大气污染物综合排放标准》和《恶臭污染物排放标准》。

排放标准的执行原则是优先执行行业排放标准，即行业排放标准中有规定的项目，受控源或设施执行行业排放标准，对于行业排放标准没有规定的项目，执行综合排放标准，对于恶臭污染物，执行恶臭污染物排放标准，不与行业排放标准重复执行。如果新的行业排放标准制定后，自实施之日起，受控源或设备执行行业排放标准，不再继续执行综合排放标准。随着行业标准的不断扩展，综合标准的管理范围也将逐步减少。

从制修订时期来看，现行的行业排放标准多数为 2008 年之后实施，之前除了火电、水泥、锅炉、炼焦等少数几个行业标准，其他行业执行大气污染物综合排放标准、工业炉窑大气污染物排放标准、恶臭污染物排放标准等综合类排放标准。2008 年开始，针对钢铁、石油等排放量占比大的行业相继制定并实施了行业排放标准。但是，这样的进步并非直接来源于法律的要求，更多的是来自原环境保护部制定的环境标准规划，以及"大气十条"等总体规划的管理目标。通常，排放标准的制修订计划在国家环境保护标准五年发展规划中列出，并与特定时期的环保基础政策相配套。例如，在"十二五"期间，为了落实"大气十条"提出的要求，规划中提出重点对火电、炼焦、钢铁、水泥等标准进行修订，制定石油炼制、石油化工等重点行业的大气污染物排放标准，提出对 VOCs 等物质的研究与标准制修订。同时，排放标准的制定和正式出台，也与整体的环保政策密切相关。例如，根据《铸造工业大气污染物排放标准》编制说明，2006 年 8 月，国家环境保护总局下达了《铸造工业污染物排放标准》的制定任务，2008 年 12 月编制组编制完成标准的征求意见稿。但是，直到 2016 年，才再次启动了排放标准的编制工作，目的是落实《国家环境保护标准"十三五"发展规划》，加快《铸造工业大气污染物排放标准》制定进度。2016 年 6 月，环境保护部大气环境管理司主持召开协调会决定，由中国铸造协会作为主起草单位之一承担完成该项目编制工作。为规范铸造行业管理，工信部 2013 年 5 月发布了《铸造行业准入条件》，重点从生产规模、能源消耗、环境保护等 9 个方面制定了准入条款，其中明确提出铸造企业相关生产装备要配置完善环保设备，污染物排放符合国家环保标准要求，要求企业申报资料时必须提供最近一年度的环境监测报告，对环保排放不达标的企业实行一票否决制。此时，铸造行业既存在一定数量工艺装备先进且环保治理水平相对规范的企业，也存在相当数量污染物排放、能耗、物耗远高于行业平均水平的落后产能企业，这些企业也是铸造行业最重要的污染排放来源。在这个阶段，环保标准作为行业准入强制性约束条件，将有力提升铸造企业准入水平。

从公平、有效率的角度，理想的排放标准应当按照技术相近、边际治理成本接近的原则细分，分类越细效率越高，不同固定源之间的公平性也越高。我国现行排放标准在行业分类方面仍显粗糙。例如，《无机化学工业污染物排放标准》的管理对象是无机化学工业，包含了约 22 个系列、1 600 余个产品生产行业的全部污染物排放控制要求，并未进一步细分不同工业行业。现行排放标准中未区分常规空气污染物和危险空气污染物，由于两类物质对环境的影响不同，常规空气污染物和危险空气污染物基于不同的技术水平和控制目标制定，针对不同的工业行业管理目标有别，边际控制成本相差较大。针对常规空气污染物的排放标准可以接受的阈值比较大，主要考虑的因素是技术可行和成本有效，而对危险空气污染物的容忍程度较低，其阈值也较低，因此基于更为严格的控制技术。所以即使是同一个行业中，两种类型的标准需要考虑的要素也是不一样的，要按污染物类型分别制定。

我国的排放标准体系中，以国家排放标准为主、地方排放标准为辅，固定源执行的排放标准多为国家排放标准。地方排放标准和国家排放标准类似，格式和形式几近一致。此外，目前排放标准体系和监测、记录报告体系系统性设计不足，在标准中以引用单独制定的各类污染源监测分析方法标准、环境监测仪器标准、环境标准样品标准等作为补充。

4.2.2.2 文本内容设置

根据《环境保护标准编制出版技术指南》（HJ 565—2010）、《加强国家污染物排放标准制修订工作的指导意见》（国家环境保护总局公告 2007 年 第 17 号）等标准和管理文件的要求，国家大气污染物排放标准的结构相对固定，主要包括封面、目次、前言、标准名称、适用范围、规范性引用文件、术语和定义、污染物排放控制要求、实施与监督等章节。重点包括以下几部分：①适用范围；②规范性引用文件；③术语和定义；④污染物排放控制要求；⑤污染物监测要求；⑥实施与监督。其中，排放标准的核心内容是大气污染物排放浓度限值、监测和监控内容，各部分内容如表 4-1 所示。

表 4-1　国家排放标准文本内容

项目	主要内容
1. 适用范围	①针对行业内固定源和特定的产排污设施、工艺过程； ②对现有源的管理，适用于建设项目环境影响评价、环境工程设计、环境保护设施竣工验收及投产后的大气污染物排放管理
2. 规范性引用文件	①排放标准实施的配套标准，GB/T、HJ/T 推荐性监测规范、测定方法被引用后具有强制性效力； ②自动监控管理办法和监测管理办法
3. 术语和定义	①受控源及受控设施定义； ②标准状态、过量空气系数等定义
4. 污染物排放控制要求	①受控设施排放限值规定； ②企业边界浓度限值规定，无组织排放的操作限制性规定等
5. 污染物监测要求	①采样口设置、自动监测设施安装等一般性规定； ②有组织和无组织源各污染物项目的监测方法和采样方法要求
6. 实施与监督	①实施与监督管理部门； ②固定源守法与合规判定的规定

文本内容第一部分的适用范围包含两方面的内容，一是指明该排放标准针对的受控源和受控单元，二是制定该项标准适用于现有源的管理和新源准入部分的管理。相较于美国的国家行业排放标准，产排放单元按照建设年龄、设施、工艺、燃料等多要素细分的模式，我国的行业排放标准内容简单，对适用受控设备的分类比较粗糙。在新源准入部分，规定排放标准适用于建设项目的环境影响评价、环境工程设计、环境保护设施竣工验收及投产后的大气污染物排放管理，源于我

国原先以八项制度为主的环境保护法规体系中[104]。在该体系中,项目环评要依据排放标准,判定固定源拟使用的污染防治技术使用是否可行。设计部门对环境工程的设计,管理部门对项目建设完成后验收,最核心的依据也是排放标准,固定源建设项目在设计和验收时必须达到排放标准后才能投产。以行业排放标准或者综合排放标准作为固定源新建的主要依据存在问题。首先,无论是国家行业排放标准还是地方行业排放标准,都是以现有成熟技术为依据制定的较宽松的标准,以其为主要依据作为新源准入的门槛不利于固定源的技术进步,也难以为企业提供长远的预期,可能造成后期频繁提标改造,经济有效性不足。其次,现有排放标准制定时技术筛选过程单薄,将其作为技术选用的依据科学性不足。因此,在适用性上建立新建项目的技术准入和行业排放标准的直接关联存在问题,不利于固定源的精细化管理和推动技术进步。

第二部分是规范性引用文件。这部分主要引用排放标准实施所需要的污染物排放监测方法、采样方法、测定方法等,以及固定源连续排放监控管理的各项办法等。该部分存在的问题是,对于不同的行业、不同的产排污单元、不同的污染物排放,其排放可能有不同的特征,具体使用的监测方法等内容可以纳入后续监测管理规定中。

第三部分是术语和定义。主要解释了排放标准中相关的受控产排污单元、监测运行相关的标准状态、氧含量等概念。例如,火电厂的排放标准中对火电厂、标准状态、氧含量、现有火力发电锅炉及燃气轮机组、新建火力发电锅炉及燃气轮机组、W型火焰炉膛、重点地区、大气污染物特别排放限值8个术语进行了解释,但是部分释义不明确,对于重点地区、大气污染物特别排放限值等缺少完整的解释。

第四部分是污染物排放控制要求。这部分是排放标准的核心内容。排放标准限值形式单一、内容简单,一般使用浓度限值的形式,受控源分类也比较粗糙。以火电厂排放标准为例,从篇幅上该部分仅包括受控单元及其对应的浓度限值,不区分常规空气污染物和危险空气污染物,只包含PM、NO_x、SO_2、汞及其化合物等物质。相较于美国火电行业排放标准的限值部分,并没有针对每项污染物、针对具体的产排污单元细分、针对煤型分类、针对受控单元的年龄分类。在限值形式上，也仅包括单一的排放浓度限值，没有使用多种限值的平行规定，也没有剔除启停机、维修等特殊时段。

第五部分是污染物监测要求。该部分同样是排放标准的核心内容。该部分规定必须和排放限值紧密衔接，保证针对排放限值的特定规定，监测获得的数据能够有效判定是否合规。由于排放限值形式单一、分类简单，监测要求部分也仅包含了采样口设置、自动监测设施安装等一般性规定和针对各个排放口的污染物项目监测方法和采样方法等要求，且多为一般性的标准引用要求，缺少数据记录和报告的要求，无法与排污许可证制度的管理需求相衔接，导致生态环境主管部门缺少核查依据。

第六部分是实施与监督。该部分规定了排放标准的实施主管部门是县级及以上人民政府生态环境主管部门。规定了企业的守法要求，企业需要遵守标准，配合生态环境主管部门的检查，现场监测结果作为判定是否达标的依据。该部分规定过于强调生态环境主管部门的管理责任，但是对于作为排放标准执行主体的固定源，并未明确其合规监测、记录和报告等主体的责任。

此外，最新的《国家大气污染物排放标准制订技术导则》自 2019 年 1 月 1 日起实施，以更加适用于排污许可等新型环境管理制度的要求，新的排放标准制修订将按照该导则的要求开展。该导则增加了绩效排放限值及达标判定等要求，同时在数据资料收集分析、污染防治技术分类分级、成本—效益分析等方面更加完善和精准，在该导则之下开展制修订的新排放标准可实施性更强。

4.2.3　执行效果评估

4.2.3.1　排放标准执行与固定源污染物减排

"大气十条"于 2013 年开始实施，通过加强综合治理力度，包括采取集中供热、"煤改气""煤改电"工程建设，以及小锅炉淘汰等措施，减少污染物排放，

取得的成效来源于多种强命令-控制型政策。在 2013 年之前，主要采取的是针对
工业企业达标排放为主的政策，因此选取 2013 年之前的数据进行评估。首先，对
中国环境状况公报公布的排放量进行汇总，统计的污染物包括 SO_2、烟尘和粉尘
三项，如图 4-2 至图 4-4 所示。

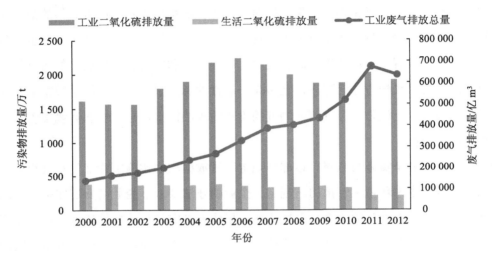

图 4-2　中国 2000—2012 年 SO_2 排放情况汇总

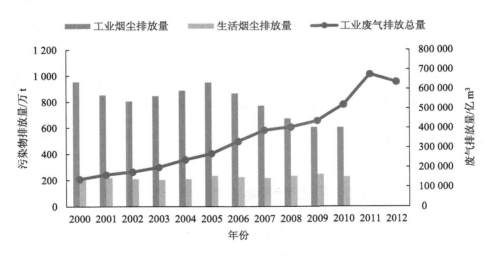

图 4-3　中国 2000—2012 年烟尘排放情况汇总

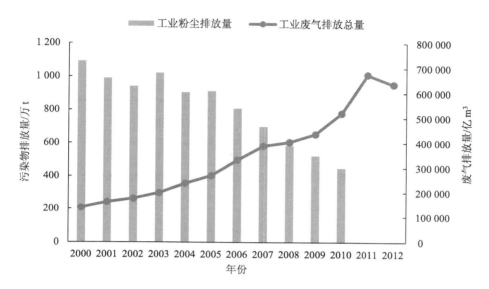

图 4-4   中国 2000—2012 年粉尘排放情况汇总

自 2000 年以来，工业废气排放量处于增长状态，污染物排放量在 2006 年前后达到峰值，随后呈下降趋势。这个时间节点与我国大规模制定并实施排放标准的时间段吻合，我国的排放标准多数是 2000 年后，特别是 2008 年后制定并得到实施的。我国排放标准发布或加严后，为了达到排放标准的要求，火电、钢铁、水泥等排放量较大的行业，进行了污染控制设施的技术改造，加装了技术更加先进的高效除尘、脱硫、脱硝等末端控制设施。

4.2.3.2   水泥行业案例固定源排放标准执行分析

以水泥行业为例，对不同地区、不同水泥厂的排放标准执行情况进行分析。由于重点分析排放标准单一政策所起的作用，选取 2016 年排污许可制改革之前的案例进行分析。首先，对 S 省 26 家国控水泥企业的监测方案分析发现，26 家企业均未完全按照排放标准的监测项目及要求进行监测，除连续在线监测信息及其他公布的零散信息外，无法获知固定源的其他排放信息。选取国控源自行监测要求的污染物种类、监测频次、监测点位三项指标定量分析,选取监测方法及仪器、质量控制两项指标定性分析。统计结果如表 4-2 所示。

表 4-2　S 省国控水泥企业自行监测统计信息

监测项目	法规要求	实际监测情况	企业数/企业总数
污染物种类	有组织 5 种	5 种（SO_2、NO_x、颗粒物、氟化物、氨）	0/26
		4 种（SO_2、NO_x、颗粒物、氟化物）	11/26
		3 种（SO_2、NO_x、颗粒物）	15/26
	无组织 2 种	2 种	7/26
		1 种	1/26
		不监测	18/26
监测频次	SO_2、NO_x、颗粒物,全天连续监测	全天连续监测	26/26
	其他污染物	每季度一次	14/26
监测点位	有组织:所有排污口	窑头	8/26
		窑尾	26/26
		其他排污口	1/26
	无组织:上风向参照点、下风向监测点	上风向参照点	5/26
		上风向参照点、下风向监测点	8/26
监测方法及仪器		均能符合相应标准的要求	
质量控制		均为简单文字描述或缺少此项说明	

对于公布连续监测数据的 SO_2 和 NO_x 两项污染物[①],按照 S 省水泥工业大气污染物排放标准（DB 37/532—2005）的规定:水泥制造过程中水泥窑及窑磨一体机的排放限值为二氧化硫 200 mg/m³、氮氧化物 800 mg/m³。32 个监测点三个月的 SO_2 浓度平均总有效率为 76.34%,全行业 SO_2 平均超标率为 1.12%;NO_x 浓度平

---

① 数据来自 2015 年 S 省国控源排污信息发布平台公布的国控源自行监测方案信息,固定源排污口的 SO_2 和 NO_x 连续监测数据,时间尺度为小时均值。

均总有效率为 75.42%，NO_x 平均超标率为 29.05%；排气量平均总有效率为 77.45%。部分固定源三个月能实现至少一种污染物的 100%达标排放，其中 SO_2 均达标排放的固定源有 11 个，NO_x 均达标排放的固定源有 4 个，两种污染物均达标排放的固定源有 3 个。此外，也有部分固定源 NO_x 严重超标，其中 3 个固定源三个月超标率均超过 90%。

位于不同区域的水泥厂，排放标准的执行情况并不相同。2014—2015 年，笔者对 B 市 A 水泥厂和 L 省 B 水泥厂实地调查后发现，L 省 B 水泥厂排放标准的执行情况与 S 省类似，但是位于 B 市 A 水泥厂排放标准的执行情况优于 L 省 B 水泥厂。具体的排放标准执行情况如表 4-3 所示。

表 4-3   B 市 A 水泥厂和 L 省 B 水泥厂排放标准执行情况

项目	标准要求	实际监测
污染物种类	有组织 5 种（SO_2、NO_x、颗粒物、氟化物、氨）	A：5 种；B：3 种（SO_2、NO_x、颗粒物）
	无组织 2 种（颗粒物、氨）	A：2 种；B：不监测
烟气其他项目	流量、流速、温度、压力	流量、流速、温度、压力
监测频次	连续监测（SO_2、NO_x、颗粒物）	连续监测（1 h 平均）
	有组织（氟化物、氨）	A：每月一次；B：不监测
	无组织（颗粒物、氨）	A：每年一次；B：不监测
监测点位设置	有组织：所有排污口	窑头
		窑尾
		A：其他排污口 71 个；B：其他排放口不监测
	无组织：上风向参照点、下风向监测点	A：上风向 1 个、下风向 1 个；B：不监测
	厂界空气	A：监测；B：不监测
烟囱高度	全部有组织排放口满足排放标准要求	
监测方法及仪器	符合颗粒物和气态污染物监测规定	
质量控制	A：符合《固定污染源监测质量保证与质量控制技术规范》规定；B：无	
监测单位	有资质第三方机构和有资质人员	

由表可知，水泥厂 A 完全执行排放标准的所有规定，水泥厂 B 未能有效执行排放标准中的全部规定。对水泥厂 A 和 B 的 2014 年连续排放数据分析，水泥厂 B 在 2014 年执行《水泥厂大气污染物排放标准》（GB 4915—2004），PM、SO_2、NO_x 分别执行 50 mg/m³、200 mg/m³、800 mg/m³ 的排放限值，B 水泥厂一号线三种污染物的年度小时超标率分别为 53.70%、48.23%、2.87%，二号线超标率分别为 38.31%、5.14%、0.11%。A 水泥厂执行 B 市地方排放标准，远严于 A 市当时执行的国标，但是其达标率为 100%，且其实际排放水平远低于排放限值，原因是 A 市收取高倍费率的排污费，企业在达标排放后仍然采取措施减排。

可见，在全面实施排污许可证管理之前，没有完全执行排放标准的问题普遍存在。即使某个地区排放标准执行效果好，排放标准起到的作用也并不明显，可能是由于其他固定源排放管理政策的作用。根据原环境保护部科技标准司的报告，由于监管人员少、业务水平低、信息公开差、违法成本低等原因[105]，不同地区不同源的排放标准执行力度有所区别，排放标准并没有得到全面、严格地执行。

4.2.4 排放限值及配套规定评估

4.2.4.1 限值指标选择

我国排放标准中的常规空气污染物和危险空气污染物限值指标选择来源主要包括三个方面：一是沿用旧的污染物控制指标；二是参考国内综合污染物排放标准、其他行业排放标准控制指标、"大气十条"等其他政策中规定的控制指标，以及参考国外相同或者类似行业的控制指标；三是进行产排污分析，分析方法主要是案例调查、问卷调查，以及通过座谈会和业内专家讨论等形式确定。但在法规中缺少明确的指标选择方法，难以对各类固定源的多种污染物进行有效的筛选，依据不充分、规范性和科学性不足。

4.2.4.2　限值形式和达标判据

　　排放标准中的限值形式主要包括排放浓度、排放速率、排放绩效值和设施使用与操作管理规定 4 种形式，主要采用浓度指标（mg/m³）。相较于其他形式，浓度形式起步较早，只需在排放口安装监测设备或手工监测即可，监测成本低，环保执法较为容易。但浓度限值无法给固定源提供足够的自由度，效率较低。为了防止稀释排放，浓度限值还需要规定烟气基准氧含量，但是不同的工业运行有差异，不同的源差异也较大。例如，锅炉大气污染物排放标准中规定基准含氧量为9%，但是对于特定的采暖锅炉，运行负荷会随着气温、供热面积的变动进行调整，不同的负荷以及锅炉点火和熄灭的过程中，含氧量变化范围较大。可见，并不是所有工况都能符合浓度限值指标考核规定。

　　排放标准中曾使用过排放绩效值，例如在 1996 版的水泥行业排放标准中，同时采用针对粉尘排放的浓度限值和绩效限值（排放量/单位产品，kg/t）[①]指标。现行的各行业排放标准中普遍取消了排放速率限值指标和绩效限值指标形式，因为排放标准的编制者认为采用浓度指标有利于防止稀释 O_2 含量，可以更好地反映污染防治技术水平，方便环境管理。《水泥工业大气污染物排放标准》（GB 4915—2013）中取消了绩效限值，绩效考核不再强制执行。在《电子玻璃工业大气污染物排放标准》的编制说明中，编制者认为不采用绩效限值指标的原因是单位产品排污量即标准风量（m³/t 产品）与排放浓度的乘积，不便执法。

　　但是在由发改委主导的清洁生产、产业规划等考核中，仍然以绩效指标的考核为主。水泥行业的排放量/单位产品指标被用在了环评、环保核查、排污许可证和行业准入等清洁生产管理工作中，根据排放浓度及单位产品（物料）废气量核算出单位产品排放量。除清洁生产外，还有其他产业政策涉及对污染源绩效的考核，如再生有色金属行业发展计划中规定，到 2015 年再生铜、铝、铅熔炼能耗分

[①]《水泥大气污染物排放标准》针对水泥窑、烘干机等设施的粉尘排放，同时使用浓度限值和吨产品排放量的绩效限值。

别低于 290 kg 标准煤/t、140 kg 标准煤/t、130 kg 标准煤/t。可见，我国已经具备了产量监测、烟气流量监测、浓度监测等全部监测能力，不存在技术上的制约。绩效限值考核与浓度限值考核存在重叠，对于固定源而言，如果在强制性的排放标准中保留绩效限值，多种不同形式的限值配合使用，并不会增加执法的难度，还能够给固定源提供更灵活的达标途径，提升排放标准管理的效率。

目前，排放速率限值指标在大气污染物综合排放标准中仍然执行，最高允许排放速率被定义为"一定高度的排气筒任何 1 小时排放污染物的质量不得超过的限值"。排放速率是一个单位时间排放量的概念，以 kg/h 的形式表达，与排气筒的高度有关，规定了不同高度排气筒对应的排放速率限值。该类限值与局地环境空气质量直接挂钩，根据污染物的扩散规律进行计算[106]。在后续的行业标准中，逐渐放弃了这种限值形式。编制者认为：一是排放速率限值与浓度限值不协调，难以准确界定达标与否；二是与各地、各源位置有关，由于排气筒高度、气象条件和地形条件等的差异，容易造成标准认定和核查的复杂性，不利于管理①。

除以上排放限值形式外，还包括设备使用和操作管理规定。这类限值多应用于石油、化工等行业，以及针对一些无组织排放的管理中。因为针对这类排放点，常规的监测方法不易监测有效的数据或监测成本较高，难以有效判定固定源是否连续稳定达标。设备操作和管理规定能够直接判断和检查，降低了管理的难度与监测成本。例如，在石油化学工业排放标准中，规定了有机废气收集和传输过程中不得通过开口向外排放，规定了火炬设计必须满足有机废气随时排入火炬中都能点燃并充分燃烧。但是，在多数行业排放标准中，如对于水泥、锅炉等行业中物料储存、传输等过程中的无组织排放点并无完整的操作管理规定。

综上所述，现执行的排放标准中，绝大多数情况下使用了浓度限值（mg/m³）形式，而且多数排放标准中并未明确浓度限值的平均周期考核指标。在实际执行的过程中，多数情况下考核 1 h 均值。采取何种形式的排放限值，应当与采用何种监测方式和如何判定达标有关，对于多数大型排放口的常规污染物排放，现有

---

① 来源于《火电厂大气污染物综合排放标准》《大气污染物综合排放标准》等排放标准的编制说明。

的连续监测技术能比较精准地测得排放浓度、含氧量等数值，大型固定源承担连续监测的成本也可以接受，考核浓度达标是可行和有效的。但是，对于危险空气污染物的排放和无组织空气污染物的排放，由于现有的连续监测技术并不成熟，安装和运行连续监测设备的成本较高，多数排放标准中规定采取人工周期性监测的方式获取数据。例如，火电行业排放标准中规定了针对燃煤发电锅炉汞及其化合物的浓度排放限值，水泥行业中规定了针对水泥窑的汞及其化合物、氟化物的排放限值要求，但是只规定了采样方法要求，并未明确采样频率，以及判定达标与否的衡量标准。导致排放标准在具体的实施过程中，排放限值是明确的，但是对于平均周期和达标判定是模糊的，这也是在某些情况下会对达标与否产生争议的原因之一。

2019 年 1 月 1 日起实施的最新《国家大气污染物排放标准制订技术导则》中要求，今后大气污染物排放标准中均应有明确的达标判定要求，作为裁定污染物排放是否超标的重要依据。由于手工监测和在线监测的频率存在显著差异，要求分开制定达标判定要求。由于每类生产装置都有自身的生产活动规律，因此污染物排放也有自身的规律。制定排放标准时，应在对现有企业污染物排放规律分析的基础上制定达标判定的要求。通常按照相关手动监测技术规范获取监测结果超过排放浓度限值的，判定为排放超标。对于在线（自动）监测污染物的达标判定要求，通常规定一定时段内（如小时、日、周、月、季等）污染物平均排放水平超过排放限值一定的次数或倍数时判定为超标。确定达标判定要求，需要收集在线监测、企业自行监测等数据，分析大气污染物小时平均浓度、日平均浓度、周平均浓度、月平均浓度、季平均浓度的统计分布规律。根据统计分布规律，分析不同时段平均浓度之间的统计学关系，建立满足小时平均、日平均、周平均、月平均、季平均排放限值的达标统计要求。还应研究参考美国、德国、欧盟等发达国家或地区排放标准中的达标判定方法，最终综合多方因素提出能够满足现场执法和例行监管的大气污染物排放达标判定要求。

4.2.4.3　限值宽严程度

排放限值的宽严程度是外部性内部化适度性的重要判别因子，一方面需要判别限值是否超越了技术、经济的限制而过于严格或者跟不上技术的升级速度过于宽松；另一方面需要判别不同行业限值确定程序与方法是否一致，执行力度是否一致，从而判断不同行业、不同固定源个体之间的宽严程度的一致性。

以下从三个方面进行评估：第一，通过对我国各行业排放标准编制说明中排放限值确定的依据进行总结分析，评价排放限值的确定程序和方法是否科学、充分，依据是否一致、稳定；第二，对水泥行业限值的确定进行分析，对国家标准和地方标准的限值进行比较分析，评价各层标准的适度性是否与其目标一致；第三，对中美两国火电行业国家排放标准中的常规污染物指标进行案例分析，比较评价我国的排放限值与美国限值的宽严区别。

（1）各行业限值确定依据对比分析

分析和总结 24 项国家行业排放标准编制说明，排放限值的制定依据主要包括三类：一是参考国外排放标准的限值；二是对现有控制技术进行分析，以现有技术的控制水平为依据；三是以某些行业内固定源的调研和实测数据为基础。对排放标准中确定限值的依据总结如表 4-4 所示。

表 4-4　国家行业排放标准中的限值确定依据

行业类别	参考国外标准	权重①	限值确定依据
无机化学工业	美国、日本、欧盟等	*	①行业的实际排放现状；②国际先进的污染控制技术为依据；③达到或接近发达国家或地区的污染物排放限值
合成树脂工业	美国、日本、欧盟等	***	①污染控制技术；②国内外排放限值
石油化学工业	美国、欧盟等	***	①国内其他行业限值；②高毒物品名录；③德国等国外标准限值
石油炼制工业	美国为主	**	①污染控制技术；②案例企业数据；③国内外标准限值

行业类别	参考国外标准	权重①	限值确定依据
氯碱工业	德国、世界银行等	***	①污染控制技术；②国内外标准限值
锅炉大气	美国、日本、欧盟等	*	①国家环保"十二五"规划，大气污染防治行动计划等政策；②文献资料和实测值；③国内外标准限值
生活垃圾焚烧	美国、日本、欧盟等	**	①污染控制技术；②案例调查数据；③国外标准限值
锡、锑、汞工业	美国、欧盟等	***	①污染控制技术；②国内外标准限值
水泥工业	美国、日本、德国、欧盟等	*	①污染控制技术；②抽样调查数据；③国外标准限值
水泥窑协同处置危险废物	美国、欧盟、德国、日本等	***	①污染控制技术；②中挪合作项目调查数据；③国外标准限值
火葬场大气	英国、法国、泰国、韩国、日本等	*	①污染控制技术；②测试数据；③国外标准限值
电池工业	美国、德国、澳大利亚、英国、马来西亚等	***	①污染控制技术；②国内外标准限值；③案例调查数据
火电厂大气	美国、日本、欧盟等	***	①污染控制技术；②国内外标准限值；③案例调查数据
再生有色金属——铝	美国、日本、欧盟	**	①污染控制技术；②案例调查数据；③国内外标准限值
再生有色金属——铅	美国、欧盟	**	①污染控制技术；②案例调查数据；③国内外标准限值
再生有色金属——铜	美国、德国等	**	①污染控制技术；②案例调查数据；③国内外标准限值
再生有色金属工业	美国、日本、欧盟	**	①污染控制技术；②案例调查数据；③国内外标准限值
电子玻璃工业大气	美国、欧盟等	**	①污染控制技术；②案例调查数据；③国内外标准限值
炼焦工业	德国、美国等	**	①污染控制技术；②案例调查数据；③国内外标准限值
砖瓦工业大气	美国、德国、韩国、英国、印度等	***	①污染控制技术；②国内外标准限值；③案例调查数据
钒工业	美国、日本、欧盟等	***	①污染控制技术；②国内外标准限值；③案例调查数据
稀土工业	美国、日本、欧盟等	*	①污染控制技术；②案例调查数据

行业类别	参考国外标准	权重①	限值确定依据
橡胶制品工业	美国、欧盟等	**	①污染控制技术；②案例调查数据；③国外标准限值
锡、锑、汞工业	美国、澳大利亚、欧盟等	*	①污染控制技术；②案例调查数据；③国外标准限值
陶瓷工业	德国、美国等	*	①污染控制技术；②案例调查数据；③国外标准限值
铜镍钴工业	美国、德国、欧盟等	*	①污染控制技术；②案例调查数据；③国外标准限值
铝工业污染物	美国、德国、加拿大、欧盟等	*	①污染控制技术；②案例调查数据；③国外标准限值
镁、钛工业	德国、美国、欧盟等	*	①污染控制技术；②案例调查数据；③国外标准限值
铅、锌工业	欧盟国家	**	①污染控制技术；②案例调查数据；③国外标准限值

注：参考权重分为"*""**""***"三个级别，"*"是仅与国外限值进行对比，未作为直接依据；"**"是作为依据之一，与技术分析、案例分析等结果共同用于确定限值；"***"是直接参考，作为最主要依据用于确定限值。

由表 4-4 可知，各行业排放标准的方法并不统一。首先，确定排放限值时依赖国外标准，29 项标准中，有 9 项直接参考了国外同类排放标准的排放限值，有 10 项作为重要依据之一。各国排放标准通常基于本国的技术水平制定，我国与其他国家的工业发展阶段和控制技术水平不能直接比较，我国的经济水平与其他国家也存在差异，直接比较和参考国外的排放标准无法判断其限值的严格程度是否适用于我国。其次，我国排放限值确定的另一个重要依据是技术分析，有 10 项标准将技术分析作为限值制定的主要依据。但各编制说明中提到的技术分析主要是由工程师基于我国工业行业内的现有技术水平，进行产排污工艺过程、污染控制技术等的总结，以此为依据粗略分析可以达到的排放水平。这种以经验判断为基础的可行技术分析方法缺乏科学性，并且主观性强，不同的排放标准编制组及不同的工程师提出的参考值范围也存在较大差异。最后，大部分编制组进行了案例调查，使用调查数据验证排放限值的可达性。但是，案例的选取缺少科学的抽样调查，案例的选择具有主观性和随机性，并且缺少统一的调查测试方法，调查数据类型不一致，多数以均值为依据确定的限值作为最高限，容易导致限值偏严。例如，沈保中等[107]的研究显示，调查了多个企业后发现 2012 年火电新标限值执行后，燃煤电厂在治污设备的技术改造、减排效率的提升方面面临巨大压力。综上所述，我国排放限值的确定程序缺少规范性，确定方法缺少科学性和一致性，无法准确地确定适度的外部性内部化的排放限值水平。

（2）水泥行业限值的确定分析

综合对比我国各行业排放标准编制说明，水泥行业排放标准是制定水平较高的标准。对水泥行业的国家和地方排放标准进行分析，限值的宽严程度表现在以下三个方面：一是对行业内不同类型固定源的分层，是否对不同的固定源子行业类型进行细分，是否按照固定源建造的"年龄"有所区分，从而保证适用于不同类型的源基于相似的控制技术水平制定，保证排放限值对不同源具有类似的宽严程度；二是排放限值和对应的平均周期、监测要求、达标判定规则是否同步制定并纳入标准中，形成一个完整的考核体系，保证执行过程中的一致性；三是对国家排放标准和地方排放标准进行比较分析，分析国家排放标准是否是全国的最低要求，地方排放标准是否更多地与地方环境空气管理目标相关、与经济发展水平相关，表现为地方标准的指标及形式，以及宽严程度和国家排放标准限值的区别。

根据国家水泥行业标准（2014 年）的编制说明，排放限值的确定规则主要包括以下四点：①不区分工艺差异，排放限值以行业内先进的生产工艺为依据制定；②区分新老污染源，分别制定现有企业和新建企业的限值，现有企业在过渡期后，需要达到新源的要求；③排放限值仅使用浓度限值指标，取消绩效限值指标（kg/t）；④制定针对重点区域的特别限值。国家行业排放标准是全国范围内需要执行的最低限标准，所依托的技术是标准制定时全国范围内现有源的成熟技术。因此，确定限值时应当以全国范围内的所有行业内固定源为总体，按照总体的技术水平制定，包括考虑不同"年龄"段固定源的工艺水平进行分层筛选。我国水泥行业排放标准以先进工艺为依据，可能对于一些环境空气质量较好的地区，增加了企业不必要的提标改造成本，效率较低；而对于一些环境空气质量较差的地区，针对具体固定源的管理，更适合通过达标规划和逐源管理等其他途径。国家行业排放标准应当是一种考虑经济约束的"底线"标准。同理，以标准制定期区分新老源，要求老源进行提标改造，在过渡期后执行新标，增加了固定源的合规成本，效率较低。

国家标准给予现有源一定的缓冲时间进行提标改造，但是这种方式对于空气质量较好的区域可能过严，效率较低。国家标准和地方标准中多数没明确平均周期及对应的监测等要求，不利于不同水泥固定源统一执行排放标准。此外，地方标准与国家标准相比，在数值上有所加严，并未根据空气质量目标和当地固定源的特征制定更加个性化的排放标准，加严的标准有可能只是促成了有限的资源用于特定单元的加码减排，忽略了其他需要管理的单元，提高了边际治理成本，效率较低。

（3）中美火电行业排放限值对比分析

火电行业排放标准是我国制定最早、实施基础最完善的排放标准，先后4次修订并实施了火电厂大气污染物排放标准。在2011年版排放标准之前，火电行业排放标准分时段、分煤质、分地区差异制定不同的排放限值。现执行的2011年修订版标准取消了分时段划分电厂的做法，取消了按照煤质挥发分区别氮氧化物限值的做法。编制者认为从优先保护环境的角度出发，国家对环境保护工作提出了更高的要求，需要加大治理力度。根据原环境保护部的公告，47个城市市域范围执行特别排放限值。中国不按照不同类型的煤分级，原因是电厂在煤质选购、提高烟气净化能力上自行搭配。只规定统一的数值，认为使用煤炭灰分高的时候，可以通过提高处理率解决。以下针对燃煤电厂颗粒物、二氧化硫、氮氧化物三种主要污染物的排放限值进行中美比较，如表4-5至表4-7所示。

表 4-5   火电厂排放标准燃煤发电锅炉颗粒物（PM）排放限值比较

国别	污染物	建设类型	煤型	排放限值	平均取值周期
美国	PM	2005 年 3 月 1 日之前新建或者改扩建	—	13 ng/J（0.03 lb/MMBtu）热输入；不透明度 20%；不透明度 27%（安装有 CEMS 装置的）	不透明度 6 min；滑动 30 d
		2005 年 2 月 28 日—2011 年 5 月 4 日新建或者改扩建	—	18 ng/J［0.14 lb/（MW·h）］总能量输出；或 6.4 ng/J（0.015 lb/MMBtu）热输入	
		2011 年 5 月 3 日之后新建或者改扩建	—	11 ng/J［0.090 lb/（MW·h）］能量总输出；或 12 ng/J［0.097 lb/（MW·h）］能量净输出；*启停期间另作规定	
中国	烟尘	新建锅炉	—	30 mg/m³	—
		现有锅炉	—	重点地区 20 mg/m³	

表 4-6   火电厂排放标准燃煤发电锅炉二氧化硫（SO₂）排放限值比较

国别	污染物	建设类型	煤型	排放限值	平均取值周期
美国	SO₂	2005 年 2 月 28 日之前新建或者改扩建	固态	520 ng/J（1.20 lb/MMBtu）热输入，90%去除率；260 ng/J（0.60 lb/MMBtu）热输入，70%去除率；180 ng/J［1.4 lb/（MW·h）］能量总输出；65 ng/J（0.15 lb/MMBtu）热输入	绩效限值滑动 30 d；去除率 24 h
		全部	固体溶剂精炼煤（SRC-I）	520 ng/J（1.20 lb/MMBtu）热输入，85%去除率	
			无烟煤	520 ng/J（1.20 lb/MMBtu）热输入	
		非本土地区	固态	520 ng/J（1.20 lb/MMBtu）热输入	
		2005 年 2 月 28 日—2011 年 5 月 4 日新建	—	180 ng/J［1.4 lb/（MW·h）］能量总输出，95%去除率	
		2005 年 2 月 28 日—2011 年 5 月 4 日重建	—	180 ng/J［1.4 lb/（MW·h）］能量总输出；65 ng/J（0.15 lb/MMBtu）热输入；95%去除率	

国别	污染物	建设类型	煤型	排放限值	平均取值周期
美国	SO₂	2005年2月28日—2011年5月4日改建	—	180 ng/J［1.4 lb/（MW·h）］能量总输出；65 ng/J（0.15 lb/MMBtu）热输入；90%去除率	绩效限值滚动30 d；去除率24 h
		非本土地区，2005年2月28日—2011年5月4日新建或者改扩建	固态	520 ng/J（1.2 lb/MMBtu）热输入	
		2011年5月3日之后新建、重建	—	130 ng/J［1.0 lb/（MW·h）］能量总输出；140 ng/J［1.2 lb/（MW·h）］能量净输出；97%去除率	
		2011年5月3日之后改建	—	180 ng/J［1.4 lb/（MW·h）］能量总输出；或90%去除率	
		非本土地区，2011年5月3日之后新建或者改扩建	固态	520 ng/J（1.2 lb/MMBtu）热输入	
中国	SO₂	新建锅炉	—	100 mg/m³；广西、重庆、四川、贵州200 mg/m³	
		现有锅炉		200 mg/m³；广西、重庆、四川、贵州400 mg/m³	
		全部锅炉		重点地区50 mg/m³	

表 4-7　火电厂排放标准燃煤发电锅炉氮氧化物（NOₓ）排放限值比较

国别	污染物	建设类型	煤型	排放限值	平均取值周期
美国	NOₓ	1997年7月10日之前新建或者改扩建	—	210 ng/J（0.50 lb/MMBtu）热输入	30 d滚动平均
			采自Dakota，或者Montana的褐煤超过25%	340 ng/J（0.80 lb/MMBtu）热输入	
			采自Dakota，或者Montana的褐煤少于25%	260 ng/J（0.60 lb/MMBtu）热输入	
			次烟煤	210 ng/J（0.50 lb/MMBtu）热输入	
			烟煤		
			无烟煤	260 ng/J（0.60 lb/MMBtu）热输入	
			其他煤型		

国别	污染物	建设类型	煤型	排放限值	平均取值周期
美国	NO$_x$	1997 年 7 月 9 日—2005 年 3 月 1 日新建	—	200 ng/J〔1.6 lb/（MW·h）〕能量总输出	30 d 滚动平均
		1997 年 7 月 9 日—2005 年 3 月 1 日重建	—	65 ng/J（0.15 lb/MMBtu）热输入	
		2005 年 2 月 28 日—2011 年 5 月 4 日新建	—	130 ng/J〔1.0 lb/（MW·h）〕能量总输出	
		2005 年 2 月 28 日—2011 年 5 月 4 日重建	—	130 ng/J〔1.0 lb/（MW·h）〕热输入；47 ng/J（0.11 lb/MMBtu）热输入	
		2005 年 2 月 28 日—2011 年 5 月 4 日改建	—	180 ng/J〔1.4 lb/（MW·h）〕能量总输出；65 ng/J（0.15 lb/MMBtu）热输入	
		2005 年 2 月 28 日—2011 年 5 月 4 日新建或者改扩建的 IGCC	—	130 ng/J〔1.0 lb/（MW·h）〕能量总输出；190 ng/J〔1.5 lb/（MW·h）〕能量总输出（联合循环燃烧涡轮机）	
		2011 年 5 月 3 日之后新建、重建的	—	88 ng/J〔0.70 lb/（MW·h）〕能量总输出；或 95 ng/J〔0.76 lb/（MW·h）〕能量净输出	
		2011 年 5 月 3 日之后改建	—	140 ng/J〔1.1 lb/（MW·h）〕能量总输出	
	NO$_x$ & CO	2011 年 5 月 3 日之前新建或者改扩建的	—	参照执行氮氧化物（NO$_x$）标准 "1997 年 7 月 10 日之前新建或者改扩建"	
		2011 年 5 月 3 日之后新建	—	140 ng/J〔1.1 lb/（MW·h）〕能量总输出；或 150 ng/J〔1.2 lb/（MW·h）〕能量净输出	
		2011 年 5 月 3 日之后新建或者重建的	燃煤比例超过75%的	160 ng/J〔1.3 lb/（MW·h）〕能量总输出；或 170 ng/J〔1.4 lb/（MW·h）〕能量净输出	
		2011 年 5 月 3 日之后改建	—	190 ng/J〔1.5 lb/（MW·h）〕能量总输出	

国别	污染物	建设类型	煤型	排放限值	平均取值周期
中国	NO$_x$		—	100 mg/m^3	—
		2003 年 12 月 31 日前建成投产	—	200 mg/m^3	—
		全部锅炉	—	采用 W 型火焰炉膛的火力发电锅炉，现有循环流化床火力发电锅炉 200 mg/m^3	—

美国针对不同建设类型，规定了不同"年龄"的燃煤锅炉执行不同的排放限值。原因是美国《清洁空气法》规定新源绩效排放标准作为全国最低限度的执行标准和导则，给地方精细化管理留有足够的灵活度。除按照"年龄"分类外，美国还按燃料类型分类，例如，NO$_x$绩效限值中，针对 1997 年 7 月 10 日之前新建、改建、扩建的燃煤锅炉，按照燃煤类型分为"采自 Dakota，或者 Montana 的褐煤超过 25%""采自 Dakota，或者 Montana 的褐煤少于 25%""次烟煤""烟煤""无烟煤""其他煤型"六种类型，分别制定不同的限值，最高值 340 ng/J 是最低值 260 ng/J 的约 1.31 倍。因为排放削减水平主要跟使用的技术相关，针对不同的燃煤类型，根据同类技术下的削减水平制定限值，保证了燃煤市场的公平性。出于同样的原因，考虑某些燃煤的高硫分，也采用了 SO$_2$ 削减率这样的平行指标。我国按照电厂所在的地区分类，而非按照燃煤类型和使用的技术分类，可能产生对不同源的不公平。

美国火电 NSPS 绩效限值采用滑动 30 d 为考核周期，长平均考核周期既能保证连续污染控制水平，还能赋予地方和污染源足够的灵活性，提高监管效率。我国火电厂排放标准并未给出确切的考核周期指标，现在普遍考核 1 h 均值。1 h 均值与空气质量有关，各地空气质量和管理目标不同，1 h 均值考核限制了各地对燃煤电厂管理的自由程度，效率较低。以 H 省某发电厂为例，对 PM、SO$_2$、NO$_x$各平均时间尺度下的排放统计如图 4-5 至图 4-7 所示。

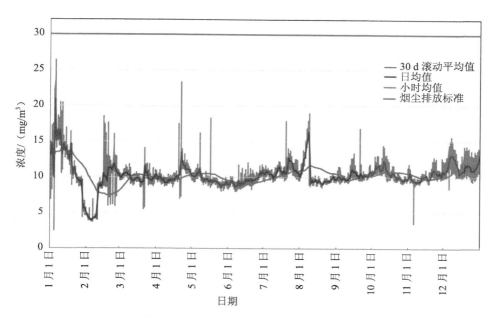

图 4-5　案例燃煤机组小时、日、30 d 滚动尺度下的烟尘排放信息

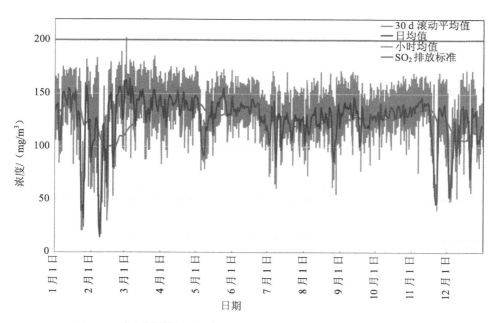

图 4-6　案例燃煤机组小时、日、30 d 滚动尺度下的 SO$_2$ 排放信息

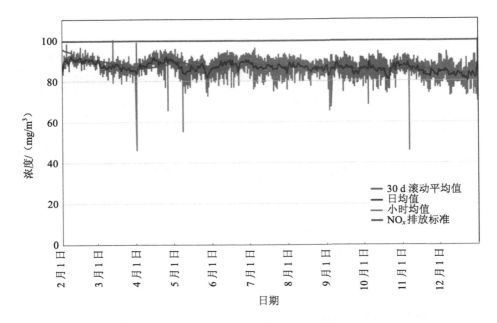

图 4-7 案例燃煤机组小时、日、30 d 滚动尺度下的 NO_x 排放信息

据图可知，对于小时、日、30 d 滚动三种不同时间尺度下的浓度均值，周期越长，浓度波动幅度越小。按照该火电厂的执行标准，发现 30 d 滚动均值、日均值低于限值水平，但是小时均值有超标情形，而短期偶发的不稳定波动并不代表该源的连续减排技术能力差。可见，对于国家标准而言，基于技术的排放标准更适宜采用较长时间的均值考核，这样更容易反映控制技术的连续减排能力。使用短期的平均周期限值，一方面，可能过于严格，不利于电厂安全稳定生产，其生产波动易受到环保压力影响，降低效率；另一方面，使用短周期的排放限值与局地环境质量变化有关，国家排放标准如果使用 1 h 均值考核排放水平，其限值远低于影响环境质量可以接受的最大阈值。

根据《火电厂大气污染物排放标准》（编制说明）中的折算，中国在制定国家行业排放标准时参考了美国的 NSPS，将其中的绩效标准折算为浓度标准，各污染物排放限值的比较如表 4-8 所示。

表 4-8   中美两国排放限值折算比较

污染物指标	中国限值/(mg/m³)	美国限值①			美国现行限值②	
		mg/m³	lb/(MW·h)	g/(kW·h) ③	lb/(MW·h)	g/(kW·h) ③
颗粒物	30	20	0.14	0.041	0.09	0.064
SO₂	200	184	1.4	0.635	1.4	0.635
NOₓ	100	135	1.0	0.499	1.1	0.454

注: ① 源自中国《火电厂大气污染物排放标准》(编制说明)中选取的美国 NSPS 2005 规定的新源排放限值。
② 源自最新的美国 NSPS 污染物排放限值,2011 年 5 月 3 日改建的,适用于本书选取的案例电厂。
③ 单位换算。

由表 4-8 可知,中国的颗粒物、SO₂、NOₓ 限值分别是美国的 150%、109%、74%,看似比美国的颗粒物和 SO₂ 限值更为宽松,但是实际上中国按照 1 h 浓度均值考核的方式严于美国的 30 d 滚动绩效均值。对国内某燃煤机组排放绩效值与美国 NSPS 排放限值进行比较,如图 4-8 至图 4-10 所示,按照《火电厂大气污染物排放标准》(编制说明)列出的参考用美国限值,发现实际 SO₂ 排放均未超美国绩效限值 [0.635 g/(kW·h),换算为 184 mg/m³],但是 1 h 浓度均值有超中国限值(200 mg/m³)的情形发生,可见中国采用的浓度标准比美国的绩效标准更严格。

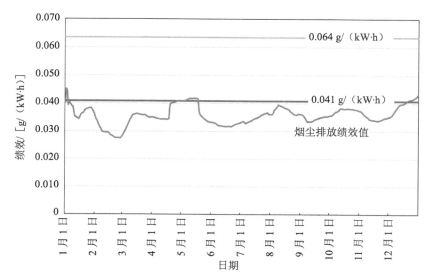

图 4-8   案例燃煤机组烟尘排放对比

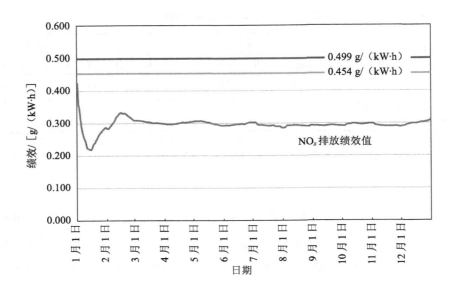

图 4-9　案例燃煤机组 NO$_x$ 排放对比

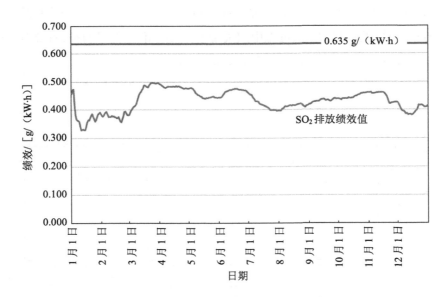

图 4-10　案例燃煤机组 SO$_2$ 排放对比

4.2.4.4　监测、记录和报告规定

与监测、记录和报告相关的法规、技术规范、规范性文件，对排污企业的要求包括对企业自测的职责要求、企业监测质量保证与质量控制技术要求、采样记录要求、自动监控设施的安装维护要求、自动监控系统的运行工况要求、非正常运行期间替代监测要求、比对监测要求、数据记录要求、报告要求等。以上监测管理办法与技术规范多为技术性规范，从技术的角度规范了采样、分析、数据比对、仪器校准维护、数据存储、数据输出等一系列行为，但是相关的管理要求不明确，对监测时段、监测频次、记录格式、数据保存时间、报告内容等缺少系统性的设计，难以满足许可证管理的要求，规范性和系统性不足。上述文件中监测、报告、记录多针对排污口排放污染物，仅在《固定污染源监测质量保证与质量控制技术规范》中要求工况核查，核查的依据为现场检测燃料类型、除尘效率、燃料含硫量、燃料使用量等，缺少历史监测数据，难以对历史的"达标排放值"进行核查。

4.2.5　排放标准制修订管理评估

《中华人民共和国环境保护法》和《中华人民共和国大气污染防治法》中，规定了排放标准的责任主体、效力层级、管理目标、制修订依据等总体性原则，以及对各主管部门的法律授权。根据法律授权，由国务院生态环境主管部门负责制定固定源国家行业排放标准，由省级政府制定地方大气污染物排放标准。在制修订程序和方法方面，法律规定了标准的制修订"以大气环境质量标准和国家经济、技术条件为依据"，规定了"制定大气污染物排放标准，应当组织专家进行审查和论证，并征求有关部门、行业协会、企业事业单位和公众等方面的意见"；在信息公开方面，规定了标准制定部门"在其网站上公布大气污染物排放标准，供公众免费查阅、下载"。

4.2.5.1 政策相关者职责划分

根据《中华人民共和国立法法》第八十条的规定："制订部门规章的目的是执行法律，不得设定减损公民、法人和其他组织权利或增加其义务的规范，不得增加本部门的权力或者减少本部门的法定职责。"根据《规章制定程序条例》，规章由部门内设机构或其他机构具体负责起草工作，可以邀请有关专家、组织参加，也可以委托有关专家、组织起草。国家行业排放标准制修订涉及的政策相关者包括生态环境部、技术支持单位、项目承担单位、出版单位和企业公众等相关主体。其中，生态环境部作为国务院生态环境主管部门，是排放标准制修订的主管机关。生态环境部下属设立的环境标准研究所，是国家排放标准的主要技术支撑单位。

国家行业排放标准制修订的核心工作内容是编制征求意见稿、送审稿、报批稿及编制说明，由排放标准的项目方承担。生态环境部主要承担制定管理办法和标准制修订技术规则，制定标准规划、计划，负责标准立项、协调和审核报批，负责环境标准的实施评估工作。标准经费由国家市场监督管理总局归口管理，国家标准委组织实施。

项目承担单位及项目负责人承担制定并审核开题论证报告、征求意见稿、报批稿和编制说明等排放标准技术文件的主要职责。规定具备"相关的科研、管理工作背景和技术能力"，熟悉相关政策的机构可以作为承担单位，由承担单位项目组建编制组，项目负责人担任组长。任何具备相应能力和资格的单位均可自愿申报承担标准制修订工作或就标准的制修订工作提出建议和意见，管理部门根据申报单位的能力、业绩和标准制修订工作的要求，择优确定承担单位，按程序批准。通常，由于不同编制组的科研基础和工作经验存在较大差异，制定的排放标准与实际需求差异较大，难以满足固定源的管理需求。在实施排污许可证管理后，排放标准能够依托排污许可证有效落实，排放标准与实际环境管理需要之间难以接轨的问题日益凸显。

《中华人民共和国环境保护法》（2014 年修订）明确规定了公众参与原则，并对信息公开和公众参与进行专章规定。随后，环境保护部制定了《环境保护公众参与办法》（2015 年），明确了公众"获取环境信息、参与和监督环境保护的权利"。根据公众参与办法的规定，在排放标准制修订和评估管理的过程中，生态环境部可以针对"公民、法人和其他组织"等相关对象，通过"征求意见、问卷调查，组织召开座谈会、专家论证会、听证会"等公众参与方式，向公众征求意见。公众参与的基础是信息公开，公众参与办法也规定了在征求意见时，应当公布背景资料、起止时间、建议提交方式、管理部门联系人和联系方式等信息。

　　排放标准的公众参与主要发生在公布征求意见稿，向社会公众或有关单位征求意见这个阶段。此外，在排放标准的制修订工作过程中，也会开展针对厂商的调查，与学术机构等开展合作研究、咨询、论证等工作。例如，水泥行业排放标准在编制过程中，在开题论证阶段，原环境保护部科技标准司主持召开了开题论证会，包括多名专家与管理部门专家参会讨论，形成工作建议；在草案编制阶段，编制组成员走访了多家企业，听取了企业对标准修订的意见和看法；形成草案后，原环境保护部科技标准司主持召开了标准讨论会，参会成员包括来自中国水泥协会、水泥企业、科研单位、原环境保护部内部机构等部门的相关者，对标准草案进行讨论并形成讨论建议。标准发布后，原环境保护部提供了标准的解释与咨询服务，社会公众、研究机构、实施部门等可以通过电话、信函等形式，进行询问和解答，如陶瓷工业污染物排放标准发布后，原环境保护部收到了全国人大代表的建议和陶瓷生产企业的来函，反映实施中的困难和问题，针对标准中的含氧量规定，生态环境部组织了修改并重新发布。

　　在排放标准征求意见稿及排放标准公开发布并征求意见的阶段，是公众参与中参与面最广、涉及排放标准管理制度的利益相关者最多、征集意见最充分的阶段。生态环境部在网站公开发布征求意见单位名单、征求时间、联系方式，将相关材料印送给意见征集对象，并在网站公开征求意见稿文档及其编制说明。对征求意见单位按照性质分类及其统计如表 4-9 所示。

表 4-9　排放标准征求意见单位

标准征求意见稿行业	单位总量	相关国家部委	省市级部门	下属事业单位	行业协会	相关企业	研究所与高校	部内部门	征求意见时间
无机化学工业	109	8	33	10	9	31	6	12	18
合成树脂工业	82	5	33	10	3	17	2	12	26
石油化学工业	87	8	33	10	1	23	0	12	22
石油炼制工业（二次征求意见）	59	8	32	10	1	5	3	—	30
石油炼制工业（一次征求意见）	61	8	32	11	2	4	0	4	40
氯碱工业	72	8	33	10	1	16	4	—	43
锅炉大气（二次征求意见）	49	7	32	10	0	0	0	—	20
锅炉大气（一次征求意见）	88	9	32	11	0	12	18	6	30
生活垃圾焚烧	87	8	38	12	6	8	11	4	38
锡、锑、汞工业	75	6	32	10	0	14	1	12	24
水泥工业大气	85	3	32	11	2	33	4	—	32
水泥窑协同处置危险废物	70	4	32	12	2	15	5	—	32
火葬场大气	73	7	32	11	6	16	1	—	47
电池工业（二次征求意见）	94	5	32	10	0	45	2	—	33
火电厂大气（二次征求意见）	61	8	32	11	1	6	3	—	28
火电厂大气（一次征求意见）	66	8	32	12	1	6	3	4	40
再生有色金属工业	106	8	32	12	0	50	0	4	36
电子玻璃工业	81	8	41	12	1	11	2	6	34
炼焦工业	102	8	32	11	8	39	0	4	26
砖瓦工业大气	106	8	32	12	2	47	1	4	38
钒工业	64	8	32	12	0	6	2	4	48
稀土工业	73	8	32	12	6	8	3	4	40
橡胶制品工业	75	4	34	10	1	24	2	—	—
锡、锑、汞工业	64	4	32	10	1	7	10	—	—
陶瓷工业（二次征求意见）	108	3	32	10	2	55	0	6	27
陶瓷工业（一次征求意见）	80	7	31	9	1	32	0	—	24
铜镍钴工业	75	7	32	10	1	23	2	—	24
铝工业（二次征求意见）	76	6	32	10	3	16	2	7	30
铝工业（一次征求意见）	67	7	32	10	1	16	1	—	30
镁、钛工业	72	7	32	10	1	20	2	—	30
铅、锌工业	69	7	32	10	1	17	2	—	30

分析发现，在标准制修订的公众参与方面，存在以下几方面的问题。

①在参与对象方面，未对不同的参与对象分类，利益相关者参与度不足。

在标准草案制定过程中，主要公众参与形式是论证会，能够参与论证会的利益相关者包括标准制修订管理人员、行业协会、企业、科研单位等代表，参与范围窄、参与人数少，主要参与人员以政府管理人员、业内知名专家、大型企业人员为主。编制组通过问卷和实地调查等形式对少部分企业进行调查和访谈。草案完成后，在征求意见的过程中，征求意见范围包括相关国家部委、生态环境部内部门、生态环境部下属事业单位、省级生态环境部门、部分省会生态环境部门、行业协会、行业内相关企业、研究所与高校等。但对人数最多、受政策影响最广的直接受影响公众和间接受影响公众，并未获得直接参与政策过程的机会。并且就最后环节征求企业意见而言，意见征求的范围较小，最少为 0 家，最多为 55家，相较于行业内企业少则几百家，多则几千家而言，代表性不强。征求范围以大型企业、技术先进企业等为主，这部分企业处于优势地位，难以代表整个行业全体成员的利益。公众参与未能代表全部政策相关者，没有根据参与对象的政策相关性、参与能力、专业能力、参与意愿等进行分类，制订参与计划，吸纳广大相关者参与制修订过程，过于倾向专家、大型企业的利益，可能导致限值偏严、公平性不足。

②在参与形式方面，主要包括讨论会和调查问卷、实地访谈等形式，难以调动更广泛公众的参与热情。

排放标准制修订是一项涉及面广、影响深远的固定源管理政策。在排放标准制修订过程中，需要通过适当的参与程序和参与形式，吸纳更多的利益相关者参与决策。目前，对于研究院所专业人员、国家机关公务员、大型企业集团技术人员等专业性强，参与意愿高的群体，主要通过讨论会、访谈等方式参与。在更多环节中，缺乏通过邮件、电话等灵活方式进行公众参与活动。对于其他小型企业、一般公众等专业性弱，参与意愿较差的对象，未开展面向他们的辅导培训工作，该部分群体难以认识到自己的利益相关性，难以吸引其参与标准制修订工作。

③意见采纳不足，对不同意见缺乏有效的解释。

例如，根据火电厂排放标准意见征求情况，共发出 73 份征集意见函，收回 50 份反馈意见，共提出意见 111 条，采纳意见 48 条，占 44%；部分采纳的意见 18 条，占 16%；未采纳意见 45 条，占 40%。根据电子玻璃工业排放标准的征求意见情况，对全国 64 家单位印发了征求意见稿，收到 25 家单位的回复意见函，收到有效意见 59 条，完全采纳 34 条意见，部分采纳 14 条意见，11 条意见未被采纳。分析后发现，采纳的意见主要集中在词语定义、用词规范等方面，对于采用绩效限值形式等意见，未采纳也未给出数据分析解释；对于企业提出的限值严于国外限值、达标成本高等意见，也未给出成本有效性分析的详细解释，仅用深圳市某案例数据作为依据，难以代表全国行业内的实际水平。

④缺少公众参与指南，缺少公众参与的长效制度保障。

公众参与的主要政策依据是 2015 年发布的《环境保护公众参与办法》，但是该办法仅包括了公众在环保政策过程中，公众的参与权利、政策参与对象、公众参与途径等一般性的规定。对于排放标准等单项政策，缺少专门的公众参与指南。排放标准是一项涉及面很广的环保政策，需要在公众参与办法的指导下，由生态环境部制定指南，通过长效制度保障机制，明确排放标准制修订各个环节中的公众参与对象的分级方法、参与途径和方式、长效培养机制、经费支持等内容，指导公众持续、有效地进行公众参与政策活动。

4.2.5.2　制修订过程

（1）制修订程序

目前，用于指导固定源排放标准制修订工作的政策包括《环境标准管理办法》和《国家环境保护标准制修订工作管理办法》等，程序大致与《规章制定程序条例》的规定相近。但是，将排放标准认定为部门规章，现有制修订程序的规范性存在问题，特别是缺少"规章送审稿由法制机构负责统一审查"这一重要环节。国家行业排放标准的制修订程序如图 4-11 所示。

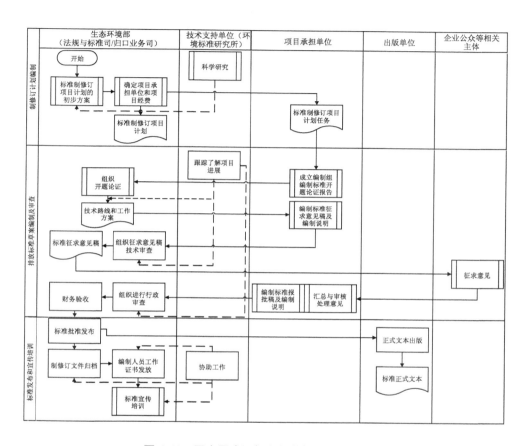

图 4-11　国家固定源行业排放标准制修订程序

根据《国家环境保护标准制修订工作管理办法》，标准制修订工作程序包括："（一）编制项目计划的初步方案；（二）确定项目承担单位和项目经费，形成项目计划；（三）下达项目计划任务；（四）项目承担单位成立编制组，编制开题论证报告；（五）项目开题论证，确定技术路线和工作方案；（六）编制标准征求意见稿及编制说明；（七）对标准征求意见稿及编制说明进行技术审查；（八）公布标准征求意见稿，向有关单位及社会公众征求意见；（九）汇总处理意见，编制标准送审稿及编制说明；（十）对标准送审稿及编制说明进行技术审查；（十一）编制标准报批稿及编制说明；（十二）对标准进行行政审查；环境质量标准和污染物排放（控制）标准的行政审查包括司务会、部长专题会和部常务会审查；其他标准行政审查主要为司务会审查，若为重大标准应经部长专题会审查；（十三）标准批准（编号）、发布；（十四）标准正式文本出版；（十五）项目文件材料归档；（十六）标准编制人员工作证书发放；（十七）标准的宣传、培训。"排放标准制修订过程主要分为三个阶段：一是制修订项目计划阶段，该阶段工作主要由生态环境部归口业务司完成；二是排放标准草案编制及审查阶段，草案的主要编制者是排放标准编制组，审查由生态环境部负责；三是批准发布和宣传培训阶段。在这三个阶段中，核心是草案的编制阶段，排放标准的主要制修订工作在此阶段完成，排放标准文本、限值的确定、监测要求等草案和修订均在这个阶段完成。

　　依据《国家环境保护标准制修订工作管理办法》，标准制修订工作遵循的原则主要包括：环境、经济、社会效益相统一；各方的承受能力；以研究成果和实践经验为依据，并参考国外标准；公开制定过程和技术内容；排放标准的制定有利于法律法规等的实施。以火电厂大气污染物排放标准为例，标准的修订由中国环科院牵头，修订过程如下：①成立标准编制组。中国环科院邀请国电环保研究院作为合作单位，成立了标准编制组。②征求意见稿编制。通过资料调查，对我国火电行业的整体状况和污染物排放状况进行评估和预测，对国外经验进行研究总结，确定排放限值和相关管理规定，形成征求意见稿。③征求意见，完成送审稿草案。④召开讨论会，形成送审稿。⑤召开审议会，完成报批稿。⑥修改标准文本，形成二次征求意见稿，重复②～⑤的工作流程。在标准草案编制工作中，首先从宏观层面对排放标准的修订进行必要性论证，包括对行业经济、技术发展和污染控制的论证，确定了制修订原则和总体思路；其次是标准的主要技术内容，主要对污染控制项目的筛选和排放限值的确定进行论证，但是此阶段缺乏数据支撑和论证，对监测和达标判定的论证也很少涉及；最后是污染防治技术分析和经济分析。

　　按照《国家污染物排放标准编制说明内容与格式要求》，在编制说明中，技术分析应当在排放限值确定阶段之前。分析各行业编制说明，类似于火电行业排放标准的修订，并未体现出排放标准制定过程的逻辑性。因为基于技术的排放标准，排放限值的确定以技术分析为依据。按照排放标准制定过程的逻辑顺序，应当在两个阶段进行技术分析，一是在确定排放限值及对应的监测规范之前，进行控制技术和监测技术筛选与分析；二是限值确定之后，进行技术可行性验证。部分排放标准在制定过程中，排放限值的确定以技术分析作为依据之一，但是并未明确技术分析与技术筛选的程序，通常情况下作为排放限值确定的依据之一，与国内外限值参考、案例调研、案例数据等并列。排放限值的确定没有按照"技术筛选—数据测试—统计分析"的先后顺序，也没有体现出技术分析和技术筛选的优先性，排放限值制定程序缺乏科学性。

以下对我国行业排放标准制定过程中的重要步骤和依据，包括信息来源、制定时企业数量、调查对象、技术分析方式、经济分析方式等进行总结，如表 4-10 所示。

表 4-10　排放标准制定过程中的重要工作总结

行业类别	信息来源	制定时企业数量	调查对象	技术分析方式	经济分析方式
无机化学工业	①资料收集；②国外标准研究	—	—	①生产工艺和产污分析；②防治技术分析，国内外工艺介绍	①污染物达标削减量分析；②达标成本总体估算
合成树脂工业	①资料收集；②调研；③国外标准研究	规模以上生产企业为1 668家	调研 36 家树脂企业，25 种类型	①生产工艺和产污分析，案例数据；②防治技术介绍	①污染物达标削减量分析；②达标技术分析
石油化学工业	编制单位内部企业数据	—	—	①生产工艺和产污分析；②防治技术介绍和工艺比较；③案例源排放数据分析	①污染物达标削减比例分析；②案例成本估算；③达标成本总体估算
石油炼制工业	编制单位内部企业数据	四大集团公司和其他中小型企业	35 家企业排放数据汇总	①生产工艺和产污分析；②防治技术介绍；③案例源排放数据分析	①污染物达标削减比例分析；②案例成本估算；③达标成本总体估算

行业类别	信息来源	制定时企业数量	调查对象	技术分析方式	经济分析方式
氯碱工业	①资料收集；②调研，实地调查和问卷调查；③国内外相关标准研究	—	青岛、上海等城市实地调查；问卷调查50家企业	①生产工艺和产污分析；②防治技术介绍；③案例源排放数据分析	①污染物达标削减比例分析；②分类估算10蒸吨以下替代和10蒸吨以上改造成本
锅炉大气	①资料收集；②调研，实地调查；③国内外相关标准研究	61.06万台	天津实测133台	①生产工艺和产污分析；②防治技术介绍；③案例源排放数据分析	①污染物达标削减比例分析；②达标成本总体估算
生活垃圾焚烧	①资料收集；②实地调研；③国外标准研究	2011年109座	—	①生产工艺和产污分析；②控制技术分析；③案例源排放数据分析	①污染物达标削减比例分析；②达标成本总体估算
锡、锑、汞工业	①资料收集；②实地调研，现场监测；③国外标准研究	规模以上锡生产企业70余家；锑生产企业300多家；汞未知	调研了58家国控企业排放情况，锡冶炼21家，锑冶炼36家，汞冶炼1家	①生产工艺和产污分析；②防治技术介绍；③案例源排放数据分析	①污染物达标削减比例分析；②达标成本总体估算
水泥工业大气	①资料收集；②实地调研，现场监测；③国外标准研究	—	①抽样调查162条新型干法生产线数据，占全国10.7%，占熟料产能的12.5%。②走访水泥生产企业，现场考察设施运行情况	①分环节的生产工艺和产排污分析；②不同技术的削减效率和对应浓度；③案例源分类技术分析，包括最大最小平均值	①污染物达标削减比例分析；②达标成本总体估算，包括现有源改造和新源建设
水泥窑协同处置危险废物	①资料收集；②实地调研；③国外标准研究	有4家企业具有危险废物协同处置能力	考察主要企业	①分环节的生产工艺和产排污分析；②不同技术的削减效率和对应浓度；③案例源分类技术分析，包括最大最小平均值	①危险废物处置能力；②达标成本总体估算

行业类别	信息来源	制定时企业数量	调查对象	技术分析方式	经济分析方式
火葬场大气	①资料收集；②实地调研和邮件征求意见，设备厂家；③国外标准研究	截至 2008 年年底，火葬场 1 692 家，火化炉 4 789 台	—	过程技术和末端控制技术分析	①污染物达标削减量分析；②案例成本估算；③行业达标成本总体估算
电池工业	①资料收集；②实地调研与函调；③国外标准研究	3 000 多家	百强企业	①生产工艺和产污分析；②控制技术分析；③案例源排放数据分析	①污染物达标削减量分析；②案例成本估算；③行业达标成本总体估算
火电厂大气	①资料收集；②国外标准研究	—	—	①生产工艺和产污分析；②控制技术分析	①污染物达标削减量分析；②案例成本估算；③行业达标成本总体估算
再生有色金属——铝	①资料收集；②实地调研；③国外标准研究	—	调查 15 家	①生产工艺和产污分析；②控制技术分析；③案例源排放数据分析	①污染物达标削减量分析；②货币化损失；③行业达标成本总体估算
再生有色金属——铅	①资料收集；②实地调研；③国外标准研究	—	—	①生产工艺和产污分析；②控制技术分析；③案例源排放数据分析	①污染物达标削减量分析；②货币化损失；③行业达标成本总体估算
再生有色金属——铜	①资料收集；②实地调研；③国外标准研究	—	调查 20 家	①生产工艺和产污分析；②控制技术分析；③案例源排放数据分析	①污染物达标削减量分析；②货币化损失；③行业达标成本总体估算
再生有色金属工业	①资料收集；②实地调研；③国外标准研究	再生铜超过 10 万 t 5 家；再生铝超过 10 万 t 10 家，超过 5 万 t 30 多家；再生铅超过 5 万 t 2 家，1 万～5 万 t 超过 10 家；再生锌不详	—	①生产工艺和产污分析；②控制技术分析；③案例源排放数据分析	①污染物达标削减量分析；②货币化损失；③行业达标成本总体估算

行业类别	信息来源	制定时企业数量	调查对象	技术分析方式	经济分析方式
电子玻璃工业	①资料收集;②实地调研;③国外标准研究	较大型电子玻璃熔炉33座,生产线88条	—	①生产工艺和产污分析;②控制技术分析;③案例源排放数据分析	①污染物达标削减比例分析;②达标成本总体估算
炼焦工业	①资料收集;②实地调研和问卷调研;③国外标准研究	2008年年底约1000家	向全国300家企业发放了调查表,收到89份	①生产工艺和产污分析和工艺比较分析;③案例源排放数据分析	①污染物达标削减比例分析;②达标成本总体估算
砖瓦工业大气	①资料收集;②实地调研;③国外标准研究	73000多家	7家代表性企业;重庆地区企业实地调研	①生产工艺和产污分析;②控制技术分析;③案例源排放数据分析	①污染物达标削减比例分析;②达标成本总体估算
钒工业	①资料收集;②实地调研和问卷调研;③国外标准研究	—	现场调研10家工厂;问卷调研厂家覆盖全国产能90%以上	①生产工艺和产污分析;②控制技术分析和工艺比较分析;③案例源排放数据分析	①污染物达标削减比例分析;②达标成本总体估算
稀土工业	①资料收集;②实地调研;③国外标准研究	规模以上160余家	—	①生产工艺和产污分析;②控制技术分析;③案例源排放数据分析	①污染物达标削减比例分析;②达标成本总体估算
橡胶制品工业	①资料收集;②实地调研;③国外标准研究	2991家	—	①生产工艺和产污分析;②控制技术分析;③案例源排放数据分析	①污染物达标削减比例分析;②达标成本总体估算
锡、锑、汞工业	①资料收集;②实地调研;③国外标准研究	超过3000家	重点实地调查了4家代表性锡、锑、汞企业	①生产工艺和产污分析;②控制技术分析;③案例源排放数据分析	效益定性简述

行业类别	信息来源	制定时企业数量	调查对象	技术分析方式	经济分析方式
陶瓷工业	①资料收集；②实地调研；③国外标准研究	3 000多家建筑陶瓷厂、8 000多家日用陶瓷厂、1 000多家卫生陶瓷厂和1 000多家特种陶瓷企业	—	①生产工艺和产污分析；②控制技术分析；③案例源排放数据分析	①污染物达标削减量分析；②案例成本估算；③行业达标成本总体估算
铜、镍、钴工业	①资料收集；②实地调研和调查问卷；③国外标准研究	规模以上铜镍钴企业437家	61家企业寄送调查表；赴12家企业进行实地走访和考察	①生产工艺和产污分析；②控制技术分析；③案例源排放数据分析	①污染物达标削减量分析；②案例成本估算；③行业达标成本总体估算
铝工业	①资料收集；②实地调研和调查问卷；③国外标准研究	—	具有代表性工艺的电解铝厂和全部6家大型氧化铝厂	①生产工艺和产污分析；②控制技术分析；③案例源排放数据分析	①污染物达标削减量分析；②案例成本估算；③行业达标成本总体估算
镁、钛工业	①资料收集；②实地调研和调查问卷；③国外标准研究	遵义钛厂和抚顺钛厂两家	遵义钛厂和抚顺钛厂两家；陕西、宁夏35家代表性镁生产企业	①生产工艺和产污分析；②控制技术分析；③案例源排放数据分析	①污染物达标削减比例分析；②达标成本总体估算
铅、锌工业	①资料收集；②实地调研和调查问卷；③国外标准研究	规模以上的铅锌企业73家，其中采选企业411家，冶炼企业379家	矿山企业调查表50份，冶炼企业调查表80份	①生产工艺和产污分析；②控制技术分析；③案例源排放数据分析	①污染物达标削减比例分析；②达标成本总体估算

排放标准要体现外部性内部化的适度性，通过何种程序制定排放标准非常重要，排放标准制定的数据来源和数据全面性、代表性也非常重要，需要运用科学的方法，制订合理的计划来完成。由表4-10可知，排放标准制定的信息来源主要

包括国内外标准研究、文献研究、资料收集、问卷调查、实地调研访谈、讨论会等途径，其中最主要的来源是国内外标准研究资料、调查问卷、实地调研数据。由于排污许可证于 2020 年完成首次发证，目前获取的固定源产排污情况、控制设备参数、排放数据等详细而精确的资料尚未在排放标准制修订中得到广泛应用，现有的排放标准制修订过程中最佳做法是抽样法。但是，对行业排放标准编制说明分析，首先是不明确行业内的企业数量，按照规模技术水平等分类信息；其次是由于编制组的资源、经费等限制，调查对象通常仅为部分企业，且以代表性企业、先进企业为主。据此制定排放标准，基于对先进企业的技术分析结果，排放限值缺乏代表性，产生偏差。对于老企业、落后区域的企业，大多未纳入调查的范围，公平性不足。

在技术分析方面，按照现行制修订管理的规定，主要包括生产工艺和产污分析、控制技术分析、案例源排放数据分析三方面内容。但是，多数行业标准的分析以定性分析为主，定量分析水平差。定性分析不利于精确的技术筛选，也未充分对比各项技术的削减水平，无法以各技术组合选择水平下的实际测试数据为依据，进行技术分析和筛选，确定排放限值、监测要求、达标判定等内容，科学性不足，难以把控标准限值的适度性，经济效率低。

在经济分析方面，经济分析的作用是检验排放限值在经济上是否合理、是否突破控制成本的限制。首先，需要进行规范的成本核算，成本核算是经济分析的基础；其次，需要分析收益，主要是可以货币化的收益，对比收益是否等于或大于成本，将成本—效益分析结果作为检验排放限值适度性的重要依据之一。此外，也包括污染物减量分析、多要素污染影响分析、就业影响分析等非经济影响分析。排放标准在经济分析方面较为粗略，多数标准制定过程中仅进行污染物达标削减比例分析和达标成本总体估算。例如，火电厂排放标准中对于成本—效益的分析，在宏观预测煤炭消费量的基础上，仅对新标执行后 NO_x、SO_2、PM 三种污染物的排放削减量进行了预测，作为标准的减量收益，将达标排放水平下的总投资作为成本。排放标准制定时，总体上成本—效益分析缺少规范的计算模式和分析工具，不同编制组之间使用的方法、分类形式、计算结果、详细程度、分析水平之间都存在差异。各项标准均未全面核算标准制修订后，政策收益是否大于成本。由于缺少成本—效益分析，无法判定我国的排放标准草案是否有效率、能否保证公平性、能否激励技术进步。

（2）制修订过程中的信息公开

排放标准过程中的信息公开内容通常在生态环境部网站发布，主要包括标准文本和编制说明中对制修订工作过程信息的公开，还包括标准制定完成后进行的宣传和培训。编制说明披露的信息主要包括编制组信息、制修订过程、技术分析和经济分析信息等，但是不同编制说明中披露的信息差异较大，有的编制说明中详细披露编制组成员、制修订过程中讨论会、调研调查企业、获得的信息等内容，有些行业的编制说明中信息模糊。

（3）制修订资金管理

目前，针对排放标准制修订资金管理的政策主要是《国家标准制修订经费管理办法》，规定了经费由国家市场监督管理总局归口管理，国家标准委组织实施。经费的使用信息披露内容较少，在《国家环境保护标准"十三五"发展规划（征求意见稿）》中提到，"十三五"期间，标准经费投入约 1.5 亿元，标准制修订约 0.7 亿元，实施评估 0.2 亿元，宣传培训 0.1 亿元，"十三五"期间预计标准制修订共 403 项，其中污染物排放标准 86 项，平均每项标准制修订费用约 17.37 万元。在过去的排放标准制修订中，某些标准项目的经费仅有约 5 万元[①]。标准的主要制修订工作主要依赖编制单位与行业内企业的合作关系，由企业提供资料并商定草案。

按照标准制修订经费的管理规定，标准制修订工作经费额度根据制修订难度和预算控制规模等因素确定。由于并未披露排放标准制定的经费总投入，标准包括环境质量标准、行业排放标准、监测标准、技术标准等多种形式的标准，最终资金分配与均值可能存在较大差异。但是，排放标准作为一项重要的固定源排放

---

① 根据作者对参与标准制修订人员的访谈结果。

管理政策，排放标准的合适程度、制定的合理性与企业的污染控制成本直接相关，与产品的价格间接相关。假设不考虑治理设施的固定投资，仅考虑年度治理设施运行费用，火电、热力生产和供应行业 2015 年废气设施治理费用 808.99 亿元，黑色金属冶炼和压延加工业 383.72 亿元[①]。标准制修订平均费用 17.37 万元与治理费用对比，标准制修订经费极低。排放标准制修订历时较长，涉及业内技术专家、经济学家等多个领域成员合作，需要进行资料、信息收集、实地调研、讨论会等工作，特别是需要大量的测试数据作为制定基础，需要进行建模和数据分析，现有的经费支持严重不足，经费使用不够灵活。

4.2.6 对于技术进步激励性的评估

改善环境空气质量的唯一途径是削减污染物排放，技术进步是促进污染物减排，实现保护公众健康和福利的最终目标的根本途径。排放标准是主要的固定源污染排放管理政策之一，对技术进步的激励是对排放标准评估的重要指标之一。一项技术进步激励性强的固定源管理政策，应当具有足够的灵活性和稳定性。灵活性体现在排放标准需要为固定源提供多种达标选择路径，为固定源提供更多的自主选择权，激励市场的技术创新。根据前述对排放限值形式和达标判定部分的论证，我国固定源排放标准主要采用了浓度限值形式，是一类自由度较小、较为严格的标准形式，相对于绩效限值，灵活性更小、技术激励性更差。政策的长期性和稳定性体现在政策具有长期、稳定的规划目标，排放标准的体系层级设计、控制指标体系、标准内容设置等应当是连贯而稳定的，排放标准制修订程序、方法应当是稳定的，应当具有周期性评估机制。国家排放标准缺少定期评估，大气污染防治法中未明确排放标准基于何种技术水平制定，也未明确排放限值的形式，排放标准的制修订缺乏法律制度保障。国家行业排放标准修订升级后，通常给现有企业一定的缓冲期，要求现有企业提标改造。企业无法准确预测排放标准的升级频率，也无法预测排放限值的加严梯度，不利于激励企业的主动技术升级。

---

① 来源于《中国环境统计年报·2015》，按行业分重点调查工业废气排放及处理情况。

以燃煤火电厂排放标准为例，自 1973 年起，制定了工业"三废"排放标准，在 1991 年制定了第一部燃煤电厂行业排放标准，分别于 1996 年、2003 年、2011 年进行了修订，修订间隔分别为 18 年、5 年、7 年、8 年，至今共跨越 40 多年，排放标准限值形式由最初的排放率限值转化为现在的排放浓度限值。各阶段排放限值与技术比较如表 4-11 所示。

表 4-11　火电厂各阶段排放限值与技术比较

火电排放标准	技术水平①	限值②
GBJ 4—1973	多管除尘器、文丘里除尘器、斜棒栅式除尘器等，除尘效率 80%～90%	烟尘：100 m 烟囱 1 200 kg/h
	煤炭洗选，含硫量从约 3% 降至 1.5%	二氧化硫：100 m 烟囱 1 200 kg/h
GB 13223—1991	电除尘器占比超过 60%，除尘效率超过 99%	烟尘：150～600 mg/m³
	各种脱硫控制技术成功试验与应用，最高脱硫效率达到 95%	城市电厂最大落地点浓度 0.06 mg/m³
GB 13223—1996	电除尘器占比 75%，电除尘器效率达 99.7%，2001 年开始试用袋式除尘器	烟尘：200 mg/m³
	采用含硫量低于 1% 的煤，部分电厂开始实施烟气脱硫	二氧化硫：1 200 mg/m³
	采用低氮燃烧器，尝试 SNCR、SCR 法等技术	氮氧化物：650 mg/m³
GB 13223—2003	电除尘器使用比例达 95%，研发电袋复合除尘器	烟尘：50 mg/m³
	石灰石—石膏法迅速推广，脱硫机组容量占比 86%，烟气脱硫效率高于 90%	二氧化硫：400 mg/m³
	采用低氮燃烧器，SNCR、SCR 法等脱硝技术更大规模应用	氮氧化物：450 mg/m³
GB 13223—2011	袋式除尘器和电袋复合除尘器	烟尘：20 mg/m³
	全部燃煤电厂安装脱硫设施，入炉煤硫分小于 1.5%，脱硫效率达 95%	二氧化硫：50 mg/m³
	使用低氮燃烧加装 SCR	氮氧化物：100 mg/m³

注：① 数据和信息来源于《火电厂大气污染物排放标准》分析与解读，各次火电厂制修订编制说明。
　　② 这里引用的限值为排放标准中针对燃煤发电锅炉各污染物的最严格限值。

火电厂排放标准的制定逻辑是按照先行业政策规划，推动技术引进和试验，再根据技术修订排放标准，推动行业内技术改造[108]，总体上是一种由技术政策引导排放标准制定的思路。在 20 世纪，环境管理的主导思想是"浓度控制"，这一时期采用了与落地点浓度相关的限值指标，激励火电厂采用高烟囱排放，使用洗选过的电煤。随后，开启了以"总量控制"为主的时代，国家在"九五"计划中，提出了"两控区"分阶段的控制目标，在这一政策背景下，开始控制二氧化硫排放，要求燃煤火电厂控制燃煤硫分，实施工程减排，安装脱硫设施。随着脱硫电价政策的出台，在 2003 年出台的火电排放标准中，根据脱硫控制技术水平制定了更严格的排放限值，火电机组锅炉的脱硫设施安装率在此后大幅度提高。在"十二五"规划中，提出了进一步削减的二氧化硫的目标，并将氮氧化物列入了总量控制范围，《2009—2010 年全国污染防治工作要点》要求火电行业在 2015 年年底前完成脱硝改造。随后，2011 年出台的火电排放标准中大幅加严了二氧化硫和氮氧化物的限值，电厂开始进行大规模的脱硫设施提标改造和安装脱硝设施。如图 4-12 所示，火电厂脱硫设施的安装比例在 2003 年后大幅提升，脱硝设施安装比例在 2009 年后大幅提升。

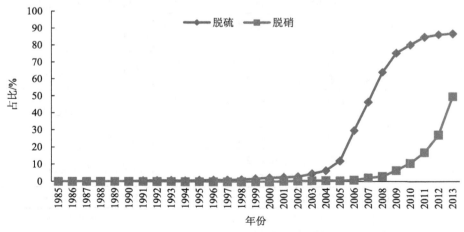

图 4-12　1985—2013 年电力行业脱硫脱硝设施装比例

数据来源：生态环境部网站和中国电力企业联合会网站。

在过去的历史条件下，我国排放标准制修订的思路属于实用型思维，因为我国是发展中国家，工业产业发展和污染排放控制有发达国家的经验可提供借鉴。通过引入发达国家的技术，参考发达国家在该技术水平下的排放标准，制定我国的排放标准，是一种成熟、可靠的做法，有助于我国迅速、大范围引进先进技术并完成改造升级。但是，随着我国行业排放标准的不断加严，特别是在 2015 年环境保护部、国家发展改革委联合下发燃煤电厂超低排放改造方案后，燃煤火电厂的排放控制水平已经处于世界领先状态。在这个阶段以后，依然依靠政策规划的方式驱动技术升级的模式，将会大幅减弱技术进步的激励性，降低整体效率。例如，H 省案例火电厂 A 在 2014 年按照 2011 年排放标准的要求完成除尘、脱硫、脱硝的提标，在 2015 年后进行超低排放改造，短期内进行两次控制设施的大幅工程改造将会提高整体污染控制成本，也会提高整体的用电成本，从而拉高整个社会成本。

第5章　固定源污染物排放标准体系构建和制度设计

5.1　固定源污染物排放标准政策目标分析

固定源污染物排放管理的最终目标是改善各地区的环境空气质量，保障公众的健康和福利。排放标准作为固定源管理领域最重要的政策之一，最终目标也应当是改善环境空气质量。但是，固定源产排污单元执行的排放标准层级、标准形式等均有所区别，不同层级、不同类别的排放标准所要达到的管理目标也有所不同。此外，排放标准的制定也会受到多种制约因素的限制，因此，需要分析固定源排放标准体系内各级、各类排放标准的不同目标。首先，国家排放标准是全国范围受控行业内固定源产排污单元需要遵守的最低限度的标准，不直接与环境空气质量达标挂钩。制定国家排放标准的核心在于如何保证排放限值的适度性，表现为既能将污染物排放连续、稳定地控制在一定的水平，又能够为固定源合规提供足够灵活的途径，从而降低合规成本，激励技术进步。其次，按照污染物类别，常规空气污染物和危险空气污染物环境影响的阈值不同，国家排放标准需要考虑这两类污染物的不同特征，即使针对同类产排污单元，也需要分别制定严格程度有别的排放标准。表现为相对于常规空气污染物排放标准，危险空气污染物排放标准的技术选择更严格，对污染物排放连续削减水平的要求更高。国家排放标准所达到的控制水平需要"适度"，表现为不能突破技术、经济、能源、资源等各项限制条件的制约。国家分行业的排放标准作为全国性标准，需要依据"成熟、稳定、经济可行"等技术选择指标，基于已有的技术制定，保证国家排放标准能够在全国范围内得到执行，并能够指导固定源层面排放标准的制定。

　　针对分区域固定源环境管理需求的排放标准，政策目标与国家排放标准有所区别，具体到每个固定源，其污染物排放管理与所在区域的环境空气质量管理要求相关。地方环境空气质量管理的目标是环境空气质量达标，主要政策途径是制定地方环境空气质量达标规划，根据环境空气质量目标的达标要求，对该地区的所有空气污染源（包括固定源和移动源）提出管理要求。固定源通常是区域内主要的污染物排放源，按照排放标准管理的类型划分，包括现有的固定源和未来计划新（重、改、扩）建的固定源，对每个固定源的产排污单元提出精细化管理要求。在落实单个固定源排放标准管理的过程中，针对位于不同环境空气质量管理区域的固定源，根据各地区环境空气质量达标规划的目标，要求位于达标区的现有源达最宽松排放标准，新源达严格排放标准；要求未达标地区现有源达较宽松排放标准，新源达最严格排放标准。

　　国家排放标准和分区域固定源排放标准在政策目标上既有区别又有关联。固定源污染物排放管理的最终目标体现为环境空气质量达标，具体到每个固定源上，通常是由单一源排放标准决定的，因为排污许可证中最终执行的是最严格的那项标准，而单一源排放标准不得比国家行业排放标准更宽松。但是，固定源排放标准管理是一项复杂的工作，单一源排放标准的制定需要有"锚"，国家行业排放标准对其制定提供了指导，并且限定了单一源排放标准的底线要求。这里采用一种"目标树"的分解方法[109]，政策目标分解和制约因素如图 5-1 所示。

　　围绕排放标准的政策过程，需要进行一系列的制度设计，在法律的授权下，由管理部门对排放标准的定期评估、制修订过程、实施进行管理，以确保排放标准的制修订具有可靠、稳定的管理体制和管理机制保障。排放标准管理制度的政策目标是通过一系列围绕排放标准政策过程的政策体系设计，形成一个长期、稳定的迭代循环体系，如图 5-2 所示。依靠制度保障，通过对排放标准的定期修订、评估，使排放标准具备长效的技术进步激励性，从而达到通过对固定源实施排放标准管理，实现改善环境空气质量的最终目标。

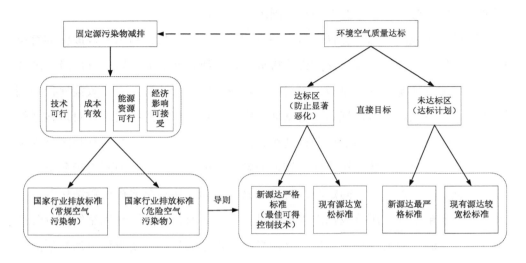

图 5-1 固定源排放标准政策目标分解和制约因素

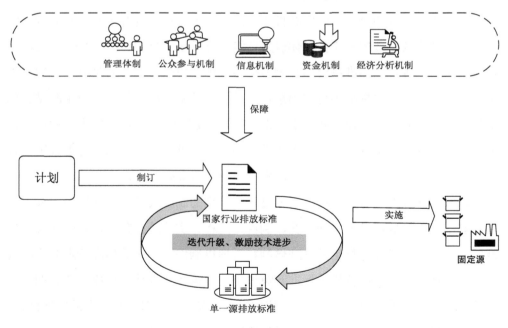

图 5-2 排放标准管理制度体系

国家排放标准定位为部门规章，并作为制定单一源排放标准的导则。因此，在排放标准的评估和制修订的规范程度、严谨程度、复杂程度方面，国家排放标准严于单一源排放标准。依靠制度的保障，建立完善的制修订与评估管理政策体系，由高级别部门负责，多方共同参与决策，按照更为严格的程序，从全局出发，以全国范围内的本行业固定源为基础，通过信息获取机制、资金机制、经济分析机制等的保障，可以最终得到内容形式稳定、具有长远预期、具备指导作用的"底线"固定源排放标准。根据国家排放标准的目标和定位，其灵活程度不足，也无法做到全国范围内执行统一的标准。相较于国家排放标准，单一源排放标准针对的对象是每个固定源，与固定源所在区域的环境空气质量目标相关，灵活性更强，更利于通过单一源排放标准的升级，在准入过程中激励固定源的使用更先进的污染控制技术。单一源排放标准的确定须将国家行业排放标准作为导则，按照一致的程序和方法逐源制定。

单一源排放标准针对特定的新准入（包括新建、改建、重建）固定源，可以更大程度地激励固定源使用最新技术，拓展排放标准的形式和使用范围。在新固定源不断准入的过程中，单一源排放标准也将不断提升。国家分行业的排放标准定期进行评估和修订，依据是固定源的整体技术水平。固定源整体由固定源个体组成，在单一源控制技术不断进步的过程中，国家排放标准也得到了升级，升级后的排放标准将作为"底线"，强制要求落后企业升级或退出。在排放标准管理制度的保障下，排放标准体系将不断地迭代升级，激励技术进步、淘汰落后技术。通过固定源排放标准管理减少污染物排放，改善环境空气质量的目标将得以实现。

5.2   构建固定源污染物排放标准体系的法律授权

5.2.1   强制性标准制定权仅属国家

《中华人民共和国标准化法》第二条第二款规定："标准包括国家标准、行业标准、地方标准和团体标准、企业标准。国家标准分为强制性标准、推荐性标准，行业标准、地方标准是推荐性标准。"这款规定以制定主体为区分标准，将政府主导的强制性标准的制定权只留给国家一级，这样规定是为了贯彻国务院《深化标准化工作改革方案》中规定的"整合精简强制性标准"的改革措施："在标准体系上，逐步将现行强制性国家标准、行业标准和地方标准整合为强制性国家标准。在标准范围上，将强制性国家标准严格限定在保障人身健康和生命财产安全、国家安全、生态环境安全和满足社会经济管理基本要求的范围之内。在标准管理上，国务院各有关部门负责强制性国家标准项目提出、组织起草、征求意见、技术审查、组织实施和监督；国务院标准化主管部门负责强制性国家标准的统一立项和编号，并按照世界贸易组织规则开展对外通报；强制性国家标准由国务院批准发布或授权批准发布。强化依据强制性国家标准开展监督检查和行政执法。免费向社会公开强制性国家标准文本。建立强制性国家标准实施情况统计分析报告制度。"与此改革措施相适应，关于国家强制性标准制定主体的说法为："国家标准由国务院标准化行政主管部门制定。"

强制性标准由国务院主导制定，不应阻碍全国人大进行原则性条款立法。正如全国人大常委会修订《中华人民共和国标准化法》是为贯彻国务院《深化标准化工作改革方案》中提出的改革措施一样，将国家强制性标准的制定主体规定为国务院标准化行政部门，不应阻碍全国人大及其常委会通过立法活动贯彻整合精简固定源排放强制性标准的改革措施；相反，从"国家任务最优化"的角度，借鉴立法与实践、法律与科技互动良好的德国环境法律立法技术，将指导固定源排放具体技术细节规定的"不确定法律概念"以原则性条款的形式由最高国家立法加以确定。同时在标准制定程序、实施和监督机制方面，对行政机关的标准制定工作加以规范和指引，才能真正实现强制效力，保证标准改革工作的统筹推进，加快统一市场体系建设。

5.2.2　污染防治可行技术体系应当属于推荐性国家标准

对于污染防治可行技术体系的实施效力讨论甚少，基于《中华人民共和国标准化法》第二条和第十一条的规定，认为其属于推荐性国家标准，具体原因有以下两点：第一，《中华人民共和国标准化法》第十一条第一款规定："对满足基础通用、与强制性国家标准配套、对各有关行业起引领作用等需要的技术要求，可以制定推荐性国家标准。"《污染防治可行技术指南编制导则》（HJ 2300—2018）在其前言中规定该导则的编制目的是"建立健全基于国家污染物排放标准的可行技术体系"，同时以是否稳定低于国家污染物排放标准限值的 70%作为区分污染防治可行技术和污染防治先进可行技术的标准，并规定了"全面覆盖原则"，要求污染防治可行技术达到污染物排放标准中规定的各监控位置的排放要求。这些规定都说明，污染物防治可行技术指南是与强制性国家污染物标准配套的，其中污染防治先进可行技术还对有关行业起引领作用。第二，《强制性国家标准管理办法》尽管本身不适用于环境保护领域，但其确定的关于强制性国家标准的规则应当适用于所有强制性国家标准。该办法第十九条第一款规定："强制性国家标准的技术要求应当全部强制，并且可验证、可操作。"这款规定是该办法做出的重要改变，废除了 2000 年国家质量技术监督局发布的《关于强制性标准实行条文强制的若干规定》，改变了往往针对单一产品制定标准的做法，从而从文本要素角度解决了强制性标准数量众多、内容分散、指标不协调、不一致等问题。技术要求全部强制后，将改变过去一个产品制定一个强制性标准的做法，优先制定适用于跨行业跨领域产品、过程或服务的通用强制性国家标准[110]。基于这款规定，污染防治可行技术指南的技术要求并非全部强制，因为无论是行业生产和污染物产生还是污染预防技术、污染治理技术、环境管理措施，都是对工程技术或非工程措施的描述，这些描述性内容不规定具体的排放限值，不产生规范行为的结果。

排污许可证中记载的污染防治可行技术具有强制约束力。推荐性标准被相关法律法规、规章引用，则该推荐性标准具有相应的强制约束力，应当按法律法规、规章的相关规定予以实施。《排污许可管理办法（试行）》第十四条和第十五条规定了排污许可证副本中应当记录或规定的登记事项和许可事项，这些登记事项和许可事项同时是污染防治可行技术指南的内容，污染防治可行技术要求作为审核排污许可证申请材料的参考，一旦按照排污单位的申请将这些技术和运行管理要求载入排污许可证，排污单位就必须按证排污，核发部门就必须按证监管。可见，污染防治可行技术通过《排污许可管理办法（试行）》的引用，具有了强制约束力。

5.2.3　应当按照《中华人民共和国立法法》的规定重组固定源污染物排放标准法律体系

由于固定源污染物排放标准相关规定对全国经济、社会生活产生广泛和重大影响，且现有环境法律体系缺乏相关实质性规定，所以需要出台规定固定源排放标准制定的原则、程序、监督等框架性问题的规范性文件。与《中华人民共和国环境保护法》《中华人民共和国大气污染防治法》一致，《中华人民共和国立法法》第七条第三款规定"除应当由全国人民代表大会制定的法律以外的其他法律"，由全国人大常委会制定。全国人大及其常委会行使的国家立法权具有最高性：一方面，在我国的国家权力体系中，全国人大及其常委会的立法权是为国家和全社会创制各项制度和行为规范的权力，其他任何国家权力都必须无条件地服从这一权力；另一方面，在我国多层次的立法体制中，全国人大及其常委会的立法权处于最高和核心地位，其他任何机关制定的规范性文件都不得与宪法、法律相抵触[111]。只有国家立法权的最高性才能保证固定源排放标准体系重组时的科学性、引领性、合理性和协调性，因为除了大量的方法评估、数据交换、信息共享工作，规范性文件文本内容的确定，包括技术性细节规定是否写入规范性文件，是作为正文还是附件写入，原则性条款与技术细节规定之间的语言逻辑关系，强制性国家标准与推荐性国家标准、地方标准、行业标准之间的关系等，这些以立法技术问题表现出来的国家职能划分的实体性问题，本身就决定了固定源排放标准的执行力度。

而这些立法技术问题，需要具有最高的国家立法权的创设与保障。

我国国家发展与社会治理都进入了以国家治理体系和治理能力现代化为目标的关键转折期，标准化在推进国家治理体系和治理能力现代化中具有基础性、战略性作用，标准化改革因此成为这个关键改革期的引领力量。同时，生态环境保护已作为国家职能写入宪法，尽管污染物排放标准体系在现有法律中格局未变，却与之应发挥的社会功能、政治作用相去甚远。重构固定源污染物排放标准体系，不仅是局部修改问题，更需要思考法律与技术的互动关系、规范性文件调整范围、效力级别、体系协调性等更为本质的问题；否则，管理机制运行的惯性无法破除，国家治理体系和治理能力现代化改革的整体目标可能落空。

5.3 三种类型排放标准组合构成排放标准体系

5.3.1 排污许可制为构建排放标准体系建立基础和明确方向

随着市场经济体制改革的不断深入，生态环境保护的国家职能不断朝着"有为政府与有效市场相结合"的方向调整。排污许可制改革为进一步厘清国家与社会、政府与市场的关系而启动，将国家管理的排污行为与其他生产、生活行为区分。首先，只有达到一定有害水平的排污行为才需要国家管理，排放标准是对这个排放水平的法治化表达；其次，必须明确对什么事项设定什么样的许可条件，必须毫无歧义且可操作，满足这个条件必须依靠体系设置科学、内容详尽合理的排放标准体系。也就是说，对固定源设置控制污染物排放许可，许可条件就是国家根据社会经济发展水平和保护目标所确定的排放标准，排放标准体系服务于排污许可制，排污许可制对固定源排放标准体系的构建起方向性和基础性作用。

建立更完备、更精准的排放标准体系，面临高度不完美信息的制约，能够获取和使用什么样的信息，获取信息的成本和难度怎么样，一定程度上决定了能够建立什么样的排放标准体系。当前，我国已建成和运行"全国排污许可证管理信息平台"，已完成固定源排污许可全覆盖[112]。如表 5-1 所示，与美国、欧盟相比，我国在信息化手段方面具有后发优势：第一，我国建立了全国统一的排污许可证信息平台，各类排放标准制定和实施需要的信息能够在排污许可证信息平台获取，数据具有一致性、准确性、真实性，信息获取成本低。第二，我国的排污许可证系统可以收集动态信息，并通过统一的数据库存取，能够开发使用机器学习等新算法，使固定源精准排放管理成为可能，也有利于国家对各类排放标准的制定和执行进行监督。第三，政府和企业之间相互信任、共享真实信息是自愿性排放标准能实施的关键条件，我国的排污许可证信息平台更好地满足了这个条件。

表 5-1　中国和美国、欧盟排放标准信息获取和使用比较

	数据主要来源	数据质量	数据使用
中国	全国排污许可证管理信息平台	企业产污、治污、排污所有节点的原（燃）料使用、生产技术、产量、污染治理技术、排放因子和数量、治污成本等信息，企业对信息的全面性、规范性、真实性负主体责任，数据动态更新	统一数据库存取，根据不同权限调用，可开发使用各类技术分析工具
美国	①国家排放标准：EPA 和咨询公司调查获得；②BAT 系列排放标准：RBLC 信息系统[113]	①产量、污染排放、治理设施、成本等信息由 EPA 和咨询公司调查和测试获得，制修订全国性的排放标准获得的数据量有限，不能动态更新；② RBLC 系统企业填报，需单独填表输入，企业自行计算治理设施去除效率、成本等，存在大量企业填报不完整和计算偏差等情况	①开发工业部门集成模型[114]、综合规划模型[115]等②新源审查时，用 RBLC 系统数据进行"上下排序"
欧盟	监测、研究报告、设备商提供、试验数据等	数据分析技术使不同来源数据尽量可用；不同成员国会计制度有差异，成本计算比较困难；企业对成本信息存在敏感性，成本信息常估算获得	使用不同来源的数据进行案例分析和基本的统计分析，制定 BREFs

5.3.2   构建中国固定源大气污染物排放标准体系框架

《中华人民共和国环境保护法》（2014 年修订）首次将环境法的基本原则加以直接规定[116]，明确了"保护优先、预防为主、损害担责"的原则，与国际通行的环境法原则一致。同时，根据《中华人民共和国标准化法》修订的精神，强制性排放标准必须由国家制定，能有效避免标准间交叉重复矛盾，防止出现行业壁垒和地方保护，做到"一个市场、一条底线、一个标准"。现行的强制性地方排放标准属于《中华人民共和国标准化法》暂时保留的例外管理，由于缺少国家的统一规划和监督，其强制性依据不充分。同时，标准化改革要求放开市场主体，对团体标准、企业标准的程序和内容不作特殊限制，调动市场主体的积极性，快速灵活地满足需求[117]。因此，本书突破现有的两级排放标准体系结构，对三类排放标准组合，进行以下设计。

第一，基于现有的成熟技术制定国家排放标准，定位为强制性国家排放标准，作为底线排放标准。根据《中华人民共和国标准化法》的规定，涉及人身健康和生态环境安全的应当制定强制性国家排放标准。在全面实施排污许可制度的新阶段，以强制性排放标准为依据实施行政许可事项，关乎公民生命健康权和公私财产权，会广泛影响经济和社会生活。将强制性国家排放标准定位为全国统一实施的底线要求，基于已适用的、具有一定先进性的现有成熟技术制定，能够保障全国范围内的同类固定源达到一定的技术水平和环境管理水平，既能符合基本的安全目标需要，又不会大幅影响经济效率。按照《中华人民共和国标准化法》的规定，由国务院行政主管部门依职责负责项目提出、组织起草、征求意见和技术审查，并由国务院批准发布或授权批准发布，符合"国家任务最优化"准则。

第二，基于先进技术制定推荐性国家排放标准，重点服务于大气环境质量改善。美国、欧盟的经验显示，通过排污许可证这一载体，能够保障有区分的、自由度更高的排放标准有效实施。我国已经建立了可行技术系列规范并嵌入排污许可制度中实施，具有了一定的排放标准功能，但没有在法律中明确其定义，也没有像美国和欧盟一样通过许可程序实施。排污许可制度要求"提高环境管理效能和改善环境质量",对固定源管理的高效性、精准性要求进一步加强,对改善空气质量的目标进一步明确。强制性地方排放标准属于暂时保留的例外管理,为了服务于地方大气环境质量改善,需要新的更精准、更具可操作性的排放标准承担该项管理需求。参考美国、欧盟的经验,我国可建立基于先进技术的推荐性国家排放标准,即基于最佳可行技术的排放标准,并明确其在排污许可制度中实施的机制。与美国的 BAT 排放标准作用机制类似,将基于先进技术的推荐性国家排放标准的定位固定下来,并建立成体系的技术规范,建立国家推荐性排放标准限值与固定源所在区域空气质量相关联的规则,对不同空气质量区域和不同类别的固定源采取有差异的精细化管理。同时,我国要吸取美国的教训,并结合我国在信息化方面的优势,由国家制定先进技术筛选机制、成本有效性评估机制、信息共享和应用机制等一系列配套规范,统一监督管理推荐性国家排放标准的制定和实施,既能保证推荐性国家排放标准有更多灵活性,又可降低授予地方过多自由裁量权带来的政治影响,降低不同地区因产业竞争带来的负外部性影响,减少不完全信息带来的效率下降,对空气质量改善贡献和激励技术进步的作用将更加显著。

第三,增设自愿性团体排放标准和企业排放标准,作为最主要的拉动固定源技术创新、促进环境保护技术进步的动力。《中华人民共和国标准化法》将企业和社会团体作为技术创新和产业化的主体,提出国家支持自主创新团体标准和企业标准,明确国家在政策环境、制度环境等方面给予支持,为标准推动技术创新提供法律保障。政府可以采取税收优惠、财政资金支持、绩效分级管理等多种方式,鼓励行业协会和企业等市场主体推出更严格的团体排放标准和企业排放标准,既符合《中华人民共和国标准化法》的规定,又能提高经济效率,激励技术创新。但是,相较于荷兰广泛使用自愿协商协议并在许可证中实施的机制,我国缺少自愿性排放标准的制度性建设。在固定源排放标准体系中,可增设团体排放标准和企业排放标准,由市场主体制定和自愿采用,并通过规范的行政程序在排污许可证中实施,作为命令-控制型政策的"微调"补充。同时,相较于美国和欧盟,我国信息公开和共享的基础更好，具备了设置和实施团体排放标准和企业排放标准的技术基础。

三类排放标准组成的体系呈现金字塔式结构，共同作用，促进技术进步，如图 5-3 所示。

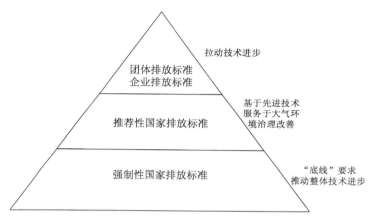

图 5-3　排放标准体系促进技术进步的作用机制

首先，团体排放标准和企业排放标准自由度最高，技术进步激励性最强。少数团体组织或企业在技术上取得突破后，处于金字塔顶端，可以制定团体排放标准或企业排放标准，排放限值最严格，但制定程序和排放限值形式自由度更大。例如，市场主体可以采用与浓度限值有所区别的绩效限值，在减排和降碳方面相统一，更有利于环保技术进步。总体上，市场主体为了获得国家政策支持和占据有利发展地位，具有充足的动力制定更加领先的排放标准，是拉动技术进步的最大动力。其次，推荐性国家排放标准实施统一规则但有差异的管理，既可以转化为具有强制性的许可事项实施，也可以配合采用税收优惠、分级管理等措施，有利于激励企业持续技术进步。最后，当一定数量的企业技术升级后，强制性国家排放标准的限值底线也将加严，拉动企业整体技术进步，保障市场竞争的公平性。

5.4 国家排放标准制修订管理体制与机制设计

在计划经济时代,我国政府与企业之间为管理与被管理的二元格局,企业的生产、污染控制也由政府行政管理的方式进行主导。目前,我国正在深入进行社会主义市场经济改革。2014 年修订的《中华人民共和国环境保护法》在环境治理方面开创了一个政府、企业和第三方主体之间良性互动的环境治理新格局[118]。随后,2015 年修订的《中华人民共和国大气污染防治法》对信息公开与公众参与做出了实质性的规定。以上两部法律除规定政府和生态环境部门的地位和职责外,还明确了企业作为治理主体的守法责任,同时明确了公众的参与办法和途径。立法推动了管理权限划分、信息公开、公众参与和监督方面的实质性进步,使排放标准管理制度的改革拥有了法律的保证。排污许可制度的改革,使我国的排放标准改革有了现实的需求,有了改革的动力,有了排放标准良好实施的载体。

5.4.1 排放标准制修订政治经济学模型分析

我国的环境政策是在社会主义计划经济体制向社会主义市场经济体制过渡的过程中形成和发展的,因此,我国环境政策的制定和实施不可避免地会受到现实制度的影响。政府制定"适度"的固定源排放标准,一方面要获得法律的授权,受到法律制定相关者的影响;另一方面政府对排放标准的科学性、适度性的把握也非常困难。排放标准制定和执行涉及政府、企业、公众三个层面的相关者,根据管制的政治经济学模型[119],建立政府、企业、公众之间的相互作用如图 5-4 所示。

首先,固定源排放标准的管理部门主要包括生态环境部、省级人民政府、执行固定源排污许可证管理的各级地方生态环境部门,其根据法律的授权制定和执行排放标准。排放标准的制定部门受立法机构的影响,标准的制定必须依照法律的授权和法律规定的形式和程序制定。但是,具体到排放标准的核心部分,即排放限值的"适度"水平，仍然由制修订管理部门最终决定。在决定的过程中，制修订管理部门会受到多方参与者施加的压力，如地方政府经济发展考核的压力、社会舆论对环保需求的压力、企业竞争和利润影响的压力、司法机构的压力等。此外，排放标准的制修订也与管理部门的组织能力、业务能力、工作程序和方法等密切相关。

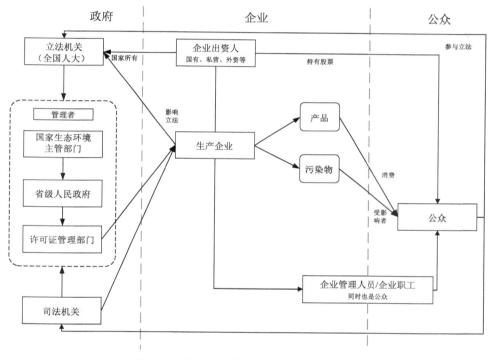

图 5-4 政府、企业、公众之间的互相作用

其次，空气固定源排放标准的主要管理对象是规模以上的固定源（企业）。固定源需要执行相应的排放标准，其污染排放行为直接接受许可证管理部门的管理。企业同时也是生产部门，排污伴随着产品的生产而来，对企业排污的管制程度与企业生产的成本相关，一定程度上也会影响产品的市场价格。公众作为消费者一方，对于因污染控制而带来的价格变动也会产生分歧。此外，企业出资方可能是国有资本，也可能是私营资本、国外资本，资本持有方可能对立法机构产生影响。

　　最后，公众一方面需要减少生产过程中的污染排放；另一方面作为消费者，需要消费企业制造的产品，还需要企业提供直接或者间接的就业机会。公众也可能持有企业股票，企业的利润水平、发展前景与持有股票的公众直接相关，如因控制污染导致的企业收益水平的下降，也会影响公众的投资利益。

　　上述描述从最基本的方面描述了政府、企业、公众三方之间的互相作用与互相影响情形，三方在现实中交叉影响关系远比以上描述复杂得多。例如，在多数情况下，三方没有严格的界限，政府工作人员也属于公众的一部分，同时作为投资者持有企业股票，作为消费者消费企业制造的产品。三方内部之间各部门、上下级之间，也存在多种委托——代理关系，其目标、指令传达过程中，也会受到多重因素的影响。

　　由此可知，制定"最优"的固定源排放标准极其困难，甚至是不可实现的。但是，仍然可以通过制度设计，尽量接近有效率的目标，降低由于管制带来的额外成本。在制度设计时，根据依格（Yeager）提出的环境法实施的包括"体制的限制"（Institutional Limits）、"机构的限制"（Organizational Limits）、"场合的限制"（Situational Limits）[120]等在内的限制因素。分析我国在社会主义市场经济体制内，如何设计空气污染防治法律对固定源排放标准管理的方向性、原则性思路，以及各生态环境主管部门如何依法制定排放标准和执行排放标准。

　　根据对排放标准管理的政治经济学模型的分析，总结得出排放标准制定须遵守的两点原则：①环保立法无法冲破体制的限制，依照我国"生态文明建设，经济社会可持续发展"[121]的目标和精神，在三个层面多方相关者的充分博弈后，需要由立法机构制定出具有方向性和指导性的法律。在《中华人民共和国大气污染防治法》中，应当规定固定源排放标准的性质、作用、形式、制定程序、管理部门、适用对象等基本的原则性、方向性的问题。②在法律框架内，排放标准的制修订管理由相关的政府部门负责，管理部门需要严格遵守法律的规定，在法律框架内制定一系列法规、指南、内部工作章程等，用于指导排放标准的制修订工作。

管理部门无法做到按照边际减排成本相等或者边际影响相等的理想模型，直接制定针对每个固定源的排放标准，也难以制定对每个固定源都适用的排放标准，更多是一种平衡。一是通过程序合理、方法科学、决策透明的排放标准制修订机制，保证各利益相关者都能充分、有效参与；二是由管理部门对标准草案进行预期影响分析，主要包括成本—效益分析，对排放标准制修订后的预期收益和社会总成本进行分析，也包括非经济影响分析。成本—效益分析的基础是公共利益理论，在制定排放标准的公共管理中，将政治与行政分离，基于潜在帕累托标准，针对效率的测量以提高社会的净效益作为目标。此外，经济分析也需要衡量所有群体的福利变化，衡量政策实施后的获益者和受损者，考虑政策执行后的分配问题。

5.4.2　排放标准制修订管理体制设计

按照《中华人民共和国立法法》的规定，排放标准制修订管理部门的职责和权限划分，需要严格按照法律的授权，职责不能增加也不能减少，需要依法履行法律赋予的职权，也必须承担法律规定的责任。目前，排放标准制修订的主要职责和权限在生态环境部，国家排放标准主要由生态环境部负责管理，制修订技术工作主要由项目承担单位的编制组负责。根据政策评估结果，项目承担单位专业能力存在差异，编制组成员尺度把握差异，导致不同标准之间质量差异大。针对这一问题，作为法律授权的排放标准制修订责任部门，建议生态环境部完善更为专业、专职的排放标准制修订管理机构，在排放标准的制修订技术工作中更深度地参与其中，以保障标准编制技术工作的一致性。

固定源排放标准的管理对象是规模以上固定源，其排放了大量污染物，同时也是经济发展的主要贡献部门，因此排放标准的环境、经济、社会影响是巨大的。对于排放标准制修订的技术依据、经济影响、环境影响等方面，需要有一个级别相当的独立部门进行审查，起到对标准制定的把关和制约作用。建议生态环境部设立标准技术经济审查委员会，对国家行业排放标准进行审查。为了保证该部门的专业性，建议组织各行业专职人员，并建立专家库。对固定源排放标准草案进行技术、经济审查时，由专职人员负责召集专家库内专家成立临时委员会，成员包括行业内无直接利益关联的技术专家、经济学家等，对排放标准草案进行经济技术审查。

对于固定源和公众两方重要的相关者，现存在参与不足的问题。按照政治经济学模型，根据委托—代理理论，考虑管理部门、公众、企业三者之间的关系，在排放标准制修订的过程中，需要针对具体问题，与受控源就技术、管理等问题充分沟通。在排放标准草案形成后，需要举行公听会，保证有足够数量的两方代表参加。公听会后需进行意见征集，送达所有固定源，在公众媒体公开，对企业和公众的重点意见全部予以反馈。

结合生态环境部出台的《国家生态环境标准制修订工作规则》，对排放标准制修订各参与者的职责的调整建议如表 5-2 所示。

表 5-2　固定源排放标准制修订参与者职责调整建议

类型	部门	内部机构	职责调整与扩充建议
管理部门	生态环境部	归口业务部门	①国家排污许可证管理信息平台的数据提取和管理； ②专职技术人员加入编制组，深度参与技术工作，保证各标准制修订的一致性与规范性； ③审议标准（规章）草案时，由法制机构和起草单位共同说明； ④排放标准制修订背景资料公开和保管，供标准制定方、固定源、公众等各方参阅
		标准技术经济审查委员会	由专职人员和专家成员组成临时小组，负责对标准草案的经济技术审查
	项目承担单位		编制组主体，由技术专家、经济学家、统计分析专家等人员组成，主要负责排放标准草案编制工作
	环境标准研究所		总结经验和方法，形成排放标准制修订知识库，建立和完善标准的制修订指南，完善技术方法体系
实施者	排污许可证管理部门		①在新源准入过程，确定单一源排放标准； ②排污许可证发放与证后监管； ③排污许可证信息管理
管理对象	固定源（企业）		排放标准制修订的主要参与方，参与包括信息收集、讨论会、意见征集等排放标准制修订活动
相关者	公众；科研机构；其他社会组织；设备制造商等相关群体		扩大公众参与范围，规范参与形式

5.4.3 制修订程序与监督评估机制设计

5.4.3.1 制修订程序

国家行业排放标准是基于技术的排放标准，必须基于一定的技术水平，且不能突破技术、经济等限制条件，因此，需要科学的程序作为排放标准制修订的保障。以下结合管理体制分析的结果，排放标准的制修订主要分为三个阶段：①制修订计划编制；②制修订草案编制和审查；③标准发布和宣传。首先，在现有标准制修订管理办法的基础上，针对计划编制阶段的程序和工作内容进行改进。需要明确的是，根据前述论证结果，排放标准定位为部门规章，其制修订程序要符合《规章制定程序条例》的规定，特别是在排放标准的审核程序中，由法制机构按规定承担相应的审核责任。其次，针对三个阶段中最核心标准草案的编制和审查部分，该阶段又分为两个阶段，第一阶段由排放标准编制组负责排放标准草案制定，第二阶段是排放标准的草案审核到最终稿发布。在排放标准草案制定阶段，该阶段工作主要由排放标准编制组完成。该阶段的工作包括两个核心部分：一是技术分析和技术选择；二是经济分析和环境影响分析。针对常规污染物的国家行业排放标准基于经过检验的成熟技术制定，针对危险空气污染物的排放标准基于更为严格的已有技术制定。技术选择和经济分析的前提是该项技术的稳定性和经济有效性，在该标准限值水平下，控制技术能够保证连续稳定的污染物削减，以及选择该水平下的控制技术成本有效。

第一，在全国范围内进行技术调查和技术筛选。由标准编制小组负责，对受控行业固定源使用的不同工艺和不同技术进行调查。调查的重点对象主要是上次排放标准发布实施到本次修订期间准入的新固定源，为排放限值的确定提供基础。在技术调查完成后，根据需要选择或者开发对应的监测技术和方法，保证测得的排放数据可供判定合规之用。对于选定的典型固定源，确定影响候选单元的排放变量，测量典型源候选"技术"对应的排放水平或者绩效水平。这里的"技术"

包括末端控制技术和过程减排技术，例如，火电厂发电锅炉的颗粒物控制可选择的候选技术包括电除尘器技术、袋式除尘器技术、电袋复合除尘器技术等。如果候选技术在该行业中尚未大规模应用，特别是针对危险空气污染物的控制技术，可以调查其他类似的行业中该技术的使用，确定类似排放工艺过程或控制设备的绩效，作为控制技术转移到受控行业是否合适的依据。

第二，在技术调查和技术筛选后，制定标准草案。标准草案的制定，以候选技术作为基础，草案中可以包括一项或者多项候选技术，应用统计分析的方法，确定该技术水平下的排放限值。这里的排放限值主要是数字型的排放限值，基于排污许可证管理平台等获得的排放数据和对典型固定源的测试数据，作为统计分析的基础信息。以上数据需要交叉印证，反映在原料、运行条件、生产率等正常生产过程中，污染控制设施正常运行的状态下，都可达到这样的排放限值。这些技术信息及测试数据需要进行技术审查，以确定技术调查和技术筛选的准确性，并汇编在编制说明的背景信息文件中。对于每项备选方案，也就是可替代方案，需要对每项方案的成本及其对经济、环境和能源的影响进行分析，最主要的部分是成本分析，保证控制技术方案的选择成本有效。

第三，排放标准草案要经过技术与经济审查委员会的审查。技术与经济审查委员会对控制技术的选择、筛选方法、确定限值的统计分析方法、经济影响分析等进行审查，主要审查调查方案、各类方法的合理性与科学性。由来自环境影响分析、工业领域、设备制造商、统计分析、经济分析等多个领域的专家共同把关，给出审查意见。

第四，排放标准草案公开和公众参与。在审查结束后，由编制小组进行草案修改，并在归口业务司内部进行审查。此外，排放标准作为一项部门规章，还需要由法制机构对草案进行审议并做出说明。审查通过后的草案进入草案公开和公众参与阶段。排放标准草案及其编制说明，以及编制过程中的所有非涉密文件，都需要在指定位置公开。对于草案和编制说明，需要分发给所有的受控企业、相关地方管理部门、科研单位、社会组织等征求书面意见。在公开征集意见结束后，召开听证会，邀请各方相关代表参加，形成意见，最终由编制小组进行审查，进行修改，并由归口业务司最后审查后发布。在《国家生态环境标准制修订工作规则》的基础上，重新设计后的制修订程序如图 5-5 表示。

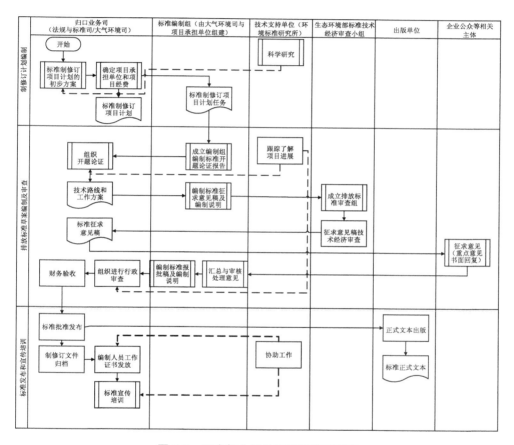

图 5-5　国家行业排放标准制修订程序

5.4.3.2　制修订资金管理

　　针对我国排放标准制修订经费不足的问题，需要加强排放标准制修订项目资金的支持。国家行业排放标准是一项与经济和技术发展密切相关的政策，排放标准体系建设能够起到产业调整、落后技术淘汰、激励技术进步等多项作用，是固定源污染物排放管理的基础性工具。排放标准制修订本身又是一项技术难度大、涉及面广的工作，还需要专业的周期性评估。这些工作除生态环境部门管理人员外，还需要业内技术专家、经济学家等多个领域成员合作，要进行大量的资料收集与总结、知识转化、信息收集、实地调研、讨论会等工作。排放标准的制修订又是一项长效、连续性强的工作，离不开稳定的资金支持。建议完善排放标准制修订资金管理办法，设置项目资金池，根据排放标准的评估计划与制修订计划，进行相应的预算调整与修改。建议增加资金支持的灵活性，针对不同行业的排放标准，根据排放标准的成熟度、行业规模大小等因素进行评级，分档提供足额的经费支持，特别是对于召开专家审议会、召开公众听证会、组织公众参与、培养公众参与能力方面，需要建立长效的资金支持机制。

5.4.3.3 评估与监督

固定源排放标准需要通过定期评估，保证排放标准是适度的、科学的、可执行的。在固定源排放标准制修订与评估的政策过程中，评估是排放标准实施一段时期后的周期性评估，目的是判定此时的排放标准是否仍然适用。建议增加定期评估机制，成立评估小组，小组吸纳技术专家、地方排污许可证管理人员、经济学家等参与，定期对排放标准的执行情况进行评估。如果地方排污许可证管理部门或者固定源反馈排放标准的执行过程存在较大问题，经生态环境部组织论证后可适时启动评估工作。评估主要针对排放标准的实施效果、实施效率、达标成本、管理水平、技术进步等，需要编写完整的评估报告。根据评估的结果，由生态环境部判定排放标准是否需要更新。排放标准的评估内容设计应当与排放标准的制修订工作相衔接，评估的调查信息和结果为排放标准制修订的背景调查、技术筛选等工作提供依据。排放标准的监督主要是对标准制修订过程的监督，由审查小组的专家成员进行技术和经济审查，更重要的是整个制修订过程及每个环节涉及的非涉密文件要充分公开，保证足够的信息透明度，从而吸引更广泛的利益相关者共同参与决策。

5.4.4 信息机制设计

5.4.4.1 信息获取

基于技术的国家排放标准，其制修订和评估都离不开大量的信息。在标准的制修订阶段，如果是首次制定行业排放标准，则制修订主管部门需要获得该行业的宏观背景信息、微观生产工艺信息、全国行业内各固定源的信息等。宏观背景信息可以从国民经济和社会发展统计年报、行业年鉴、历史统计资料库、学术期刊等获得，也可以通过组织业内专家咨询会获得。宏观信息调查的目的主要是获得该行业在国民经济中的重要程度、行业污染排放占比情况、行业历史发展情况、行业未来发展趋势等信息，由管理部门综合判断，确定该行业排放标准的复杂程度、资金需求等，作为排放标准制定的基础。所需的固定源信息主要由编制组确定并获取，一方面可以参考其他行业固定源排放标准制修订信息；另一方面可以借助管理机构的行政力量，通过问卷调查等途径获得。

对已有排放标准的行业，所需信息可参考历史制定过程中的数据，但更多地来源于国家排污许可证管理平台信息库中。信息平台的主要职能应当是为国家排放标准和各类规划的制定等提供高精准、广覆盖、可输出的各类固定源信息。在实施排污许可管理时，固定源主要在两个阶段向排污许可证管理部门提供大量信息，一是排污许可证申请阶段提交申请报告，主要以电子表单形式提交；二是固定源领取排污许可证后执行排污许可管理的阶段，固定源需要按照排污许可证中的各项规定，通过企业客户端定期向管理机构提交各项守法报告。以上两个阶段固定源向管理机构提供的数据有法可依，固定源作为守法主体，为提交数据的真实性和完整性负责，通过该系统获得的固定源数据符合排放标准管理的需求。

当然，由于排污许可证管理和制修订排放标准的管理要求不同，因此排污许可证申请报告和守法报告的信息范围要大于制修订排放标准所需的信息范围。为了便于数据库管理和分析，每个行业的固定源需要提供格式一致、内容一致且可输出、可编辑的信息，主要依靠在排污许可管理系统中，对提交信息的内容、电子化表单格式的统一设计。地方排污许可证管理机构可以统一将排放标准制修订所需的信息传输到国家信息平台，为排放标准的制修订和评估服务。

排污许可证申请报告能够为国家行业排放标准的制修订提供大量固定源基础信息，此外，排放限值的确定还需要小时间尺度的固定源连续排放数据、生产数据等，以上数据可以从企业排污许可证执行报告、在线连续监测系统等获得。除了上述主要方式，编制组也可以根据实际需要，对固定源、行业协会、设备生产商等机构，采取实地调查、访谈、电话调查、发放调查问卷等方式进行信息补充和数据核实。

5.4.4.2　信息公开

信息透明度是排放标准得以科学制修订和顺利实施的基石，也是公众有效参与决策的先决条件。透明度代表了管理部门分享决策中各项信息的意愿，只有充分的透明度，公众才能了解决策者做出决策的背景和依据，才能更好地参与排放标准的制修订、实施和评估工作。《关于加快推进生态文明建设的意见》中提出要"完善公众参与制度，及时准确披露各类环境信息，扩大公开范围，保障公众知情权，维护公众环境权益"。排放标准制修订与评估过程中的草案、技术和经济分析等背景文件、公听会代表发言记录、访谈记录、与企业之间的往来信件、征集意见回复稿等文档，都需要在指定的位置进行公开。通常，对于电子档案信息，除依法认定的保密信息外，均需要发布在指定网站，对于纸质档案信息，需要保存于国家排放标准制修订机构负责的阅览室，供公众查阅。

5.4.5　公众参与机制设计

多数国家在环保法律法规制修订、实施、评估等多个过程中提出了公众参与的要求。因为政府的环保管理活动必须参考其他相关者的意见，考虑社会公众的舆论影响，公众参与决策能够更好地反映公共利益与公共价值，有利于形成政策过程中的监督与制衡机制，有助于决策者获得更完整、更准确的信息。决策者应当把公众参与看作一个可以达成共赢的机会，通过公众参与了解各方利益需求，吸引各方参与决策，以此保证环境政策得到更广泛的公众支持，更容易获得推行。《中华人民共和国大气污染防治法》除规定政府和生态环境部门的地位和职责外，还明确了企业作为治理主体的守法责任，并对信息公开与公众参与程序做出了实质性的规定。

　　排放标准管理政策制定过程中的公众参与不只是一种形式，也不单是为了满足法律的要求而完成举办听证会、征求意见、收集舆论等工作，而应当是一项全面、系统的工作。在整个政策制定过程中，管理者要从多个层次、多个方面进行设计。参考美国 EPA 国际合作部门对环境政策制定过程中公众参与活动的总结，从公众参与对象等级划分、公众参与环节与情境、公众参与流程设计、公众参与活动技巧[122]等多方面设计公众参与方法。以下结合《环境保护公众参与办法（试行）》的规定，从公众参与对象、公众参与的阶段和程序、公众参与的长效培养机制三个方面进行设计。

5.4.5.1　公众参与对象

　　"公众"是一个宽泛的概念，并非特指某个人或某些群体。根据《环境保护公众参与办法（试行）》，公众包括"公民、法人和其他组织"，在固定源排放标准评估、制修订、实施的特定情境下，与之有关的公众应当是与政策相关的利害相关者，包括固定源排放标准直接影响的相关者、间接影响的相关者，也包括无明显关系但对政策议题有兴趣的一般公众。管理部门在进行针对排放标准各政策环节的公众活动时，需要明确公众参与的对象范围，并对不同的对象进行归类和分级，以此为依据，设计排放标准制修订与实施的不同政策环节中，各类、各级公众的参与方式、参与程度、公众意见权重等内容。

　　固定源国家行业排放标准在评估、制修订、实施的政策过程中，利益相关者主要包括受控固定源（企业）及其行业组织、该领域内的专家学者、环保社会组织、受影响公众、对政策感兴趣的一般公众 5 个层面的对象。按照利益相关性、参与能力、专业能力、参与意愿 4 个层面的指标，对参与对象进行分级，如表 5-3 所示。

表 5-3　固定源排放标准政策过程公众参与对象分级

级别	参与对象	利益相关性	参与能力	专业能力	参与意愿
1	受控源及其行业组织	***	***	***	***
2	相关领域的专家和学者	**	***	***	**
3	环保社会组织	**	**	**	**
4	受影响公众	***	*	*	**
5	一般公众	*	*	*	*

政策制定过程中的利益相关者包括有组织的参与对象和无组织的参与对象，通常情况下，有组织的参与对象的参与能力、专业能力、参与意愿都比较强。受控源及其行业组织是第一级参与对象。由于受控源是排放标准的直接管理对象和执行者，排放标准的适度性、适用性与其直接相关，其具有最强的专业知识和实践经验，参与政策制定过程的意愿极其强烈，是最优先考虑的参与对象。相关领域的专家和学者是第二级参与对象。首先，由于研究工作需要，相关领域内的专家学者与政府管理部门和企业都有密切的联系，但又非直接利益相关者，具有相对独立的地位；其次，其参与能力与专业能力非常强，并且有足够的参与兴趣和在中立角度研究与建言的兴趣，属于重要参与对象。环保社会组织是第三级参与对象，环保社会组织一般都有特定的关注议题，为特定的群体发声，也具有专业能力，参与议题的积极性也比较强。第四级和第五级的参与对象分别为受影响公众和一般公众，是数量最多、最复杂的参与群体。其中受影响公众可能是居住在企业周围，企业排污对其造成影响的居民，也可能是企业产品的主要使用者，由于排放标准提高，导致的产品价格上涨会对其造成直接影响。一般公众则是排放

标准管理政策可能对其产生间接影响，或与政策实施具有非确定性关系的群体，主要是对政策议题感兴趣的公众。这两类公众主体由分散的、缺少组织的个体组成，个体之间的专业能力和参与能力差异巨大，其中可能包括具有经验的从业者、工程师、律师等，也包括没有任何专业认识的家庭主妇、中学生等。因此，对于这两类参与对象，生态环境主管部门应当采取长效措施和针对性措施，培养这两类公众的参与能力，提升其参与意愿。

5.4.5.2　公众参与的阶段和程序

公众参与主要由生态环境主管部门负责组织各类活动与公众沟通。公众参与没有特定的模式，也没有一成不变的做法。为了达到多元共治的管理目标，在最终的政策决定中，各方的诉求需要得到回应与满足。因此决策者需要在决策过程中，在特定时间点，对特定的议题，组织相应的公众参与活动。对于在何种政策阶段，开展何种形式的公众参与活动，都需要进行有效的设计。通过这样的设计，最终实现公众的有效参与和良性参与，真正做到引导公众参与排放标准管理的政策决策。如果缺少相应的方法，只是泛泛地询问公众需要什么？怎么看待标准的制修订？这类问题很难起到公众参与的效果，最终很可能流于形式。

首先，管理部门需要吸引所有级别的利益相关者参与，对具体的政策相关者做出评估，初步确定参与对象范围。例如，对于火电厂大气污染物排放标准，直接利益相关者是大型电厂，大型电厂通常属于五大电力集团。此外，还有代表电力企业利益、反映企业诉求的中国电力企业联合会，它们是第一级参与对象。第二级参与对象包括相关的科研院所等组织，包括电力和环保设计院、研究院，相关高校等。第三级、第四级、第五级参与对象包括代表电厂附近的居民、用电大户等群体利益的社会组织，具有直接和间接关系的公众，以及感兴趣的一般公众。

其次，初步识别出参与对象后，再根据排放标准各政策阶段的实际需求，确定各对象的参与阶段和名单，以及各主体以何种方式参与。公众参与的形式多样，通过政策信息的传递与收集，让各参与主体充分了解政策议题，了解各潜在的选项，以及各类问题的潜在解决途径。管理机构针对不同阶段性问题，针对不同的对象，设计不同的参与方式，最终与各公众参与主体建立共识和达成一致。通常，固定源排放标准的政策过程包括三个阶段：排放标准评估阶段、制修订阶段、发布和实施阶段，如图5-6所示。

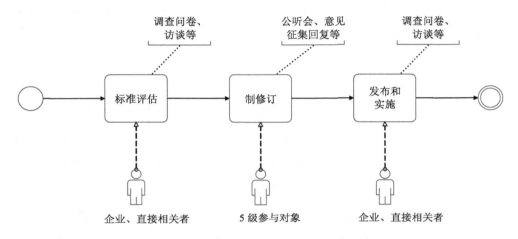

图 5-6 排放标准制修订各阶段政策参与者和参与形式

在排放标准的评估阶段，主要对现行标准的实施情况进行评估，找出潜在的问题，以及随着技术的进步需要进一步优化的空间，为排放标准的制修订做准备。在评估阶段，公众参与对象主要为级别较高的利益相关者，包括行业内企业、科研机构等。例如，针对火电厂排放标准的评估，这个阶段的公众参与主要由管理部门组织成立评估小组，小组成员由政府专职管理人员、外聘专家、咨询机构工作人员、科研单位人员等共同组成。在评估过程中，除使用信息平台获取的数据进行定量分析外，还需要通过座谈会、访谈等形式，深入了解固定源在执行标准过程中的实践经验、技术创新、管理创新等情况，一方面有助于建立管理部门和企业的良性互动关系；另一方面能够从更广泛、更深入的角度去评价现有的排放标准，为排放标准的下一轮制修订提供支撑。

制修订是整个政策制定过程中最重要的环节，在这个环节中，所有的政策相关者都应当以合适的途径参与其中，为最终决策提供支持。同样以火电厂排放标准制修订为例：首先，在排放标准草案制定的过程中，编制小组在技术筛选、排放数据统计分析、经济分析的过程中，需要与电厂、设备制造商、设计院等单位进行频繁的信件往来，在重点和难点问题的分析过程中参考各相关方提供的数据和资料；其次，在草案完成后的征求意见过程中，需要将草案发送给电厂征求书面意见，需要将草案发送给相关的研究机构，以及在指定的网站进行公开，广泛征求公众的意见，由编制小组对专业性的意见进行回复并汇编成册公开；最后，完成草案的征求意见及修改后，需要组织公听会，至少需要邀请发电企业代表、研究人员、环保组织代表、受影响公众代表等在内的人员参加，最终形成会议意见汇总，并进行公开。意见的最终采纳权在编制小组，由编制小组做出取舍，最终由主管部门批准认定。

在实施阶段，主要的公众参与过程是新标准的培训和公开解读。此外，可能会针对一些实施过程中的具体问题，由制修订管理部门通过调查问卷、访谈等方式与固定源和受影响的公众进行接触。地方排污许可证管理部门也可以针对具体的实施问题，与企业充分交流，向上级主管部门反映。

5.4.5.3 公众参与的长效培养机制

固定源排放标准政策制定过程的公众参与有助于形成更好的治理体系，使排放标准的制定更加科学，能够有效反映公共利益的价值所在，还能促进管理部门和各政策相关者的相互理解，有助于消除误解，使排放标准的实施更加顺利。但是，一方面各参与者的参与能力、参与意愿等存在差异，另一方面各方也存在信息不对称、立场有别等问题。因此，需要由强有力的政府管理部门主导公众参与，建立长效参与机制，培养各利益相关者的参与能力，建立与各方的良性互动关系，真正保证公众参与能起到多方参与决策的作用。

首先，公众参与有助于决策者获得更完整、更准确的信息，既包括技术、数据等事实信息，也包括各方的立场等价值信息。在获取信息的过程中，需要管理者和各方建立充分的信任关系，为各方提交政策建议提供机会，培养各方提供有效信息的能力，从而获得决策辅助信息。其次，公共参与需要强有力的组织者，特别是能够在中立的立场有效倾听、包容各方的观点，能够在多方共同参与的过程中解决争议，并建立合作关系。组织者分为多种，包括各个环节中设计问卷调查的政府组织者，包括企业之间达成共识的行业组织者，包括面向各个层面的一般公众普及知识和引导参与的非政府组织机构组织者等。这些组织者之间仍然需要强有力的政府管理机构去引导，通过组织管理者会议等形式，培训组织者形成固定的工作模式，有助于公众参与工作能够顺利开展。最后，公共参与活动需要一定的场所、人员、经费支持，需要由政府在政策过程中做好预算，评估参与对象的能力，提供足够的公共投入，提供经费与人员支持。提升公众专业能力的方式主要包括宣传教育、定期交流、专业训练等。例如，由生态环境主管部门在《环境保护公众参与办法（试行）》的指导下，针对排放标准各政策环节及特定的群体，制定可以推广、利于传播的公众参与指南文件，并通过大众媒体进行传播；对于主要的受影响公众，可以开设培训教程，对其代表进行公众参与方面的专业训练；与环保组织合作，鼓励其开展与公众参与有关的知识传播与交流活动；通过开设论坛、网络互动板块等方式，定期与公众交流等。上述工作可以显著增加公众的参与意愿，提高其专业水平与参与能力。做好上述工作的基础源于各方对政府管理机构的信任程度，这就要求政府做到以下两点：一是要做到公开透明，二是要建立合理的预期范围。在政策制定过程中，设定各方参与者参与议题的范围、方式、程度、预期，并将其传达给参与的公众，避免其预期过高或者过低，保证各方参与者能够起到公众参与的实质作用。

5.4.6　经济分析机制设计

5.4.6.1　经济分析框架

经济分析是在把握一系列原则和程序的前提下，根据适用的条件、获取的数据、现有的模型水平，灵活使用各类工具，对排放标准备选方案进行实施后的经济分析模拟。在经济分析中，成本—效益分析最常用于评估政策建议的过程中[123]。基于技术的排放标准制定程序中已经暗含了成本—效益的思想，排放标准制修订时，在技术筛选的过程中，筛选出经过市场验证的技术，暗含了标准的技术可行及成本有效。但是，成熟案例并不能证明行业内所有固定源的成本都有效，也无法体现排放标准在经济上可接受。因此，在初步确定排放标准备选方案后，需要进行经济分析。参考美国的《经济分析指南》（*Guidelines for Preparing Economic Analyses*），在排放标准的制修订过程中，经济分析遵守以下一般原则：①政策的风险、成本、收益分析遵守透明的原则。明确分析采用的数据、模型、推论和假设，以及选择它们的充分理由，评估使用这些组合对分析的影响。如果存在合理的替代模型或假设，使用这些替代模型或假设的影响也需要明确。如果缺乏足够的有效数据，需要进行适当的假设。②分析政策风险、成本、收益的过程中，不可避免地涉及不确定性的问题，对于该类问题需要进行专业分析和判断。针对特定的排放标准，是否需要定量分析以及分析到何种程度，取决于实际的政策分析需求，需要综合考虑政策问题的重要性、复杂性、影响的长期性等要素，考虑政策备选方案的净效益等因素。

经济分析的核心是成本有效性分析，成本有效性是判断排放标准是否合理的最重要依据。除此之外，排放标准对行业产生的系统性影响还包括对产品市场的影响、能源影响、非空气质量影响、就业影响等，也需要分析由于排放标准的执行带来的减排效益。效益既可以表达为货币化的效益，也可以表达为非货币化的效益，如减少的污染物排放量。排放标准制修订后，进行成本分析的目的是确定新排放标准的影响，衡量生产者和消费者剩余的变化带来的社会福利的净变化。通常，新排放标准会对不同的政策干系人，包括受控源、政府、受影响的公众等产生积极或消极的影响，消极影响是产生的社会成本。根据《经济分析指南》的定义，总社会成本是全社会因为新的监管政策而产生的机会成本的总和，机会成本是由于政策的实施、监管和遵守过程中使用了资源，导致的社会商品和服务的价值损失和产出的减少。按照由易到难的顺序，总社会成本分析中成本的构成包括以下 5 个组成部分：①固定源付出的合规成本，包括设备安装、改造等固定投资和运营过程中产生的物料使用、人工投入等变动成本；②政府的监管成本，主要包括与新政策相关的监控、行政和执行成本；③社会福利损失，因政策变化而引起的商品和服务的价格上升（或产出减少）导致的消费者和生产者剩余的损失；④过渡成本，包括由于监管导致的生产减少而流失的资源的价值，以及重新分配这些资源的私人实际成本；⑤间接成本，包括政策可能对产品质量、生产力、创新和市场的不利影响。

5.4.6.2　控制成本核算及信息来源

在经济分析的框架下，要有一致、规范的固定源合规成本核算方法导则。无论是对于国家行业排放标准制修订，还是制定单一源标准，都需要成本信息支撑。针对不同需求，固定源污染控制成本的核算方法也不同，主要体现为精确度不同。例如，美国在成本精确度方面，对于宏观估计仅需要数量级精确性，基于个案的工程核算精确度一般控制在 5%以内，对于政策制定过程的成本预测或政策实施的成本计算，精确度设置在 ±30%可认为合理。

排放标准制修订过程中，成本核算发生在两个阶段：一是成本预算，根据对控制设备生产厂商、建设服务商等的成本调查，编制成本预算手册和指南，并定期更新，用于排放标准制定后对拟达到的排放限值水平进行成本估算，也可用于单一源标准制定时进行成本预算工作，以此判定单一源控制成本是否超过了该地区认定的"成本线"，作为准入的依据之一。二是成本调查，国家行业排放标准制修订所需的成本数据来源于每个固定源，特别是上次修订完成到本次修订期间新进入的固定源，对于这类固定源，成本信息不仅来源于建设前的运行成本预算，也来源于实际运行中的成本核算，在国家行业排放标准修订时特别要针对这类固定源进行详尽的调查。

成本预算和成本调查首先要界定不同成本的种类，统一成本核算口径，保证成本—效益分析工作基于统一的口径核算。以火电行业为例，参考美国空气污染物控制成本手册提出的方法[124]，结合国家发展改革委发布的《火力发电工程建设预算编制与计算标准》[125]，针对排放标准制修订工作所需的成本核算方法进行设计。成本类别包括总建设投资（TCI）和总年度运行成本（TAC）两大部分。总建设投资包括污染控制系统的全部设备成本（购买设备成本）、设备安装的人工成本和材料成本（直接安装成本）、设备安装前的场地准备和土建成本、其他成本（间接安装成本）。此外，总建设投资还包括土地成本、营运资金、场外设施成本等。总年度运行成本（TAC）包括 3 个要素，即直接成本（Direct Costs，DC）、间接成本（Indirect Costs，IC）、回收利用收益（Recovery Credits，RC），考虑生产的季节性差异，这些成本的计算以一年为基础。

直接成本是指那些与产品产出成比例的（可变成本）或部分成比例的（半可变成本）成本。可变成本可以在成本/输出坐标中绘制为穿过原点向上倾斜的直线，线的斜率是由该输出乘以系统的总可变成本因素。半可变成本可以绘制为穿过成本轴的向上倾斜直线。当固定资产使用时，会产生无法恢复的折损，折旧费是一个可变或半可变成本，如果将税收进行成本分析计算，那么折旧费也应包含在税收抵免及折旧免税额中。间接年度成本独立于生产水平之外，即控制系统停止运行，该成本也会发生。间接成本包括管理费、房产税、保险和资本回收等。最后，还可能存在部分回收利用收益（Recovery Credits）补偿，从控制系统中回收的材料或能量可以被出售或再次得到循环使用。

直接安装成本包括基础设施和支持系统成本，包括架设和安装设备、电气工作、管道、保温、涂漆等成本。间接安装成本包括：①工程建设成本；②建筑施工和现场成本（工资、办公室租用等）；③承包费；④启动和绩效测试成本（测试控制系统的运行能否达到设计性能）；⑤突发事件成本，覆盖所有可能出现的不可预见事件的成本。此外，在污染控制系统通过试运行测试，从调整运行工况参数到正常运行开始，其间，所有的公用消耗、人工费、保养和维修成本都是该项目施工阶段的一部分。总年度运行成本的计算可表示为 TAC=DC+IC−RC。

采用工程分析的方法对成本进行概算，分为两个步骤：①确定估算程序；②按照程序对控制设备制造商和固定源调查，对政策实施的污染控制成本进行估计。估算程序包括五个步骤：①设施参数和控制技术选择；②控制系统初步设计；③确定控制系统组件大小；④估计组件的成本；⑤估计整个系统的成本。一是设施参数和控制技术选择，包括拟设计的固定源的运行参数（污染物排放率、温度和烟气组分等），还包括设施运行过程中的数据。二是控制系统初步设计，包括采用不同种类控制技术系统的价格（取决于受控污染物的种类、废气参数和其他因素），以及必要的辅助设备（如集气罩选型、辅助排气系统、空气泵、回收装置等）。三是确定控制系统组件的大小，系统组件选定后，必须确定系统主要组件的尺寸。确定尺寸是最关键性的一步，因为在该步骤中做出的假设会严重影响总建设投资。四是估计控制系统设备的购买成本。总直接成本包括购买设备的费用，是基础设备成本（控制装置加辅助设备）、运费、仪器仪表、税费的总和。控制设备成本通过调查设备供应厂商的平均成本获得。税费、运费或其他费用一般为设备成本乘一个系数。五是估算总年度运行成本。以脱硫设施为例，成本调查表如表 5-4 至表 5-6 所示。

表 5-4　脱硫设施参数

参数	取值
烟气特性	
进入系统的烟气流量	
烟气温度	
烟气中的污染物	
污染物浓度	
污染物去除效率	
溶剂	
烟气密度	
液体密度	
烟气污染物分子量	

参数	取值
液体分子量	
烟气黏度	
最小润湿速率（填料塔）	
污染物特性	
SO_2 空气中扩散系数	
SO_2 水中的扩散系数	
填料特征	
填料类型	

表 5-5　初始建设投资成本

成本项目	因子
直接成本	
设备购买成本	
吸收塔+附属设备+安装	A
仪器仪表	如 0.10 A
销售税	如 0.03 A
运费	如 0.05 A
设备购买成本合计，PEC	如 B = 1.18 A
直接安装成本	
基础与支持	如 0.12 B
安装	如 0.40 B
电力	如 0.01 B
管道	如 0.30 B
保温	如 0.01 B
油漆	如 0.01 B
直接安装成本合计	如 0.85 B
场地准备	SP
建筑	Bldg
总直接成本，DC	1.85 B + SP +Bldg
间接成本（安装）	
工程	如 0.10 B

成本项目	因子
建造和场地费用	如 0.10 B
承包商费用	如 0.10 B
开机费用	如 0.01 B
绩效测试费用	如 0.01 B
临时费用	如 0.03 B
总间接成本，IC	如 0.35 B
总建设成本=DC + IC	2.20 B + SP +Bldg

表 5-6　脱硫设施年运行总费用

成本项目	因子
直接年度成本，DC	
劳动力成本	
工人	计价单位（小时/天/月）
管理者	如占所有工人成本的百分比
运行（易耗）材料	
溶剂	使用量×浪费率
化学药品	基于年度消耗
废水处置	使用量×浪费率
维护	
材料	
电力	
风机	
泵	
间接成本，IC	
经常费用	
管理费用	如总投资额的2%
财产税	如总投资额的1%
保险	如总投资额的1%
材料回收收益	
年度运行总成本	DC+IC

5.5　国家行业排放标准文本设计

5.5.1　文本结构与主要内容设计

我国通常把常规空气污染物和危险空气污染物整合在一份行业排放标准中，也有部分标准把空气和水的排放要求整合在同一排放标准中，对于核心部分排放限值对应的监测、记录和报告要求部分，普遍存在限值形式简单、单元分类粗略、缺少平均周期考核指标、监测要求缺少针对性、记录和报告规定不明确等问题。

我国排放标准中的"适用范围"通常包含四部分内容，一是声明标准的限值范围；二是固定源的适用范围，规定了排放标准的受控源和受控的特定产排污单元；三是声明标准适用场景，如"适用于再用锅炉的大气污染物排放管理、锅炉建设项目环境影响评价、环境保护设施设计、竣工环境保护验收及其投产后的大气污染物排放管理"；四是规定标准适用于法律允许的污染物排放行为，不适用于新源选址和特殊保护区域内现有源的管理。考虑排放标准的核心是针对固定源产排污单元的限制性规定，建议缩小该适用范围部分，将 4 个方面的"适用范围"调整为"适用对象"，仅需要明确排放标准针对的适用固定源及其产排污单元，无须再包含其他方面的要求。因为第一部分排放限值是核心内容，表现为针对特定单元的限值，无须在此处进行一般性的说明；第三部分声明具体的应用场景，按照国家行业排放标准的定位与作用，应当是基于现有技术制定的针对具体单元的限制性规定，如果作用于建设项目环评、环保设施设计、竣工验收及其投产后的污染排放管理，应当在具体的法规中规定，而非在每项行业排放标准中规定。范围由面到点缩小后，现有排放标准中针对适用对象的规定显得过于粗糙。例如，《水泥工业大气污染物排放标准》（GB 4915—2013）规定适用对象是"水泥制造企业（含独立粉磨站）、水泥原料矿山、散装水泥中转站、水泥制品企业及其生产设施"。其中，矿山开采、水泥制造、水泥制品生产分属于不同的水泥生产链条，该分类相对粗糙。排放标准按技术分类制定，水泥制造上下游之间产品的生产方式、污染物控制技术、污染排放水平、环境影响程度等都有差别，应当细化对产排污单元的分类，将适用对象细化为矿山开采的采石场爆破、破碎机、装卸设备等环节过程中的单元，将水泥制造单元细化为水泥窑、熟料冷却机、生料磨系统、精轧机系统、生料磨烘干机、原料储存、熟料储存、成品储存、输送机转运点、装袋和散装装卸系统等，将水泥制品生产单元细化为水泥仓、称料斗、搅拌机、传送带等。

我国行业排放标准中的"规范性引用文件"部分，列举的目录包括烟气排放监测方法、烟气监测技术规范、连续监测技术规范、质量控制和质量保证的技术规范等，各行业的排放标准中都包含了类似的规定，特别是现有排放标准主要针对颗粒物、二氧化硫、氮氧化物三种常规污染物和其他几种危险空气污染物，常规空气污染物的监测方法相同，援引的连续监测规范也相同，可以放在一般规定中。

我国行业排放标准中的"术语和定义"部分，定义了受控单元、新建和已建等关于"年龄"的定义，定义了与限值浓度相关的各种参数，如标准状态、氧含量等，也定义了烟囱高度、氧含量、重点地区、大气污染物特别排放限值这样的相关术语。但是定义范围并不完整，如对于达标判定所需的平均周期等术语在排放标准中并未进行定义。

控制要求是最重要的部分，该部分的核心是排放限值，也涉及烟囱高度、含氧量、无组织排放规定、废气收集、处理与排放的规定。但以上规定不明确，特别是针对产排污单元的限值，排放限值反映排放水平，应当根据燃料类型、原料类型细分，包含多种限值形式。对于监测部分，引用了污染物采样与监测要求、大气污染物基准含氧量排放浓度折算方法等，但并未明确每个限值对应的特定要求。建议明确每个限值对应的特定的运行监测、排放监测、限值考核换算、监测精度等要求，并增加记录保存和报告要求，增加绩效测试方法和测试程序，增加质量控制和质量保证的要求，以确保测得的数据能够用于判定合规。建议在国家行业排放标准中，删除对周边环境质量的监测，原因是国家行业排放标准与周边环境质量并无直接关系，对周边环境质量的要求不应在国家行业排放标准中规定，可以在 BAT 系列排放标准中提出要求。

5.5.2　排放限值的表现形式设计

5.5.2.1　排放限值的形式及特点

排放限值是排放标准的核心内容，采用何种监测、记录和报告的要求，也与采用何种形式的排放限值有关。国家行业排放标准作为基于技术的排放标准，其限值代表了连续、稳定的控制技术水平所反映的排放状况。排放限值主要以两大类形式存在，一类是最常用的数值型，包括直接限值和替代指标；另一类是非数值形式，包括使用指定类型的设备、设施，或指定操作程序、操作实践。对于作为守法主体的企业来说，需要承担执行排放标准并证明合规排放的责任；对于作为执法主体的管理机构而言，需要通过企业提供的监测报告去核查企业是否合规排放，某些情况下也需要通过记录去追溯企业的生产、排放的信息，进行核查验证。因此，采用什么样的排放限值形式，一方面与监测技术水平和监测成本相关；另一方面也与守法者合规监测，执法者合规检查的需求相关。

两类限值形式各有优劣，制定排放标准时要充分考虑这两类限值的优劣，根据实际需要，充分使用这两类限值形式。考虑不同源的不同情况，也可以交叉使用多种平行限值要求。第一类数值限值形式是最常用的限值形式，包括浓度限值（体积浓度限值、质量浓度限值）、绩效限值（基于能源和原料输入的绩效限值、基于产品输出的绩效限值），以及去除率限值。数值限值的优点非常明显，形式统一、可执行性强、达标判别界限明确，也便于通过数据管理，核查企业的排放情况。数值形式的排放限值还利于数据信息管理和统计分析，通过对固定源污染物的排放分析，应用于排放标准制修订和达标规划等固定源管理工作中。但是数值限值形式也并非所有情况都适用，数值型排放限值和监测技术水平、监测成本相关，如对于颗粒物、二氧化硫、氮氧化物的监测，大型固定源普遍采用连续监测的方式，因为如今连续监测技术已经成熟，监测成本也较低，监测的准确性和稳定性足以支持判别合规排放所需。因此，可以制定针对固定源大型排放口的浓度限值，要求其 1 h 均值、24 h 均值等连续达标。而对于二噁英等危险空气污染物，由于监测成本高，连续监测技术不成熟，无法采用连续考核的限值。相较于第一类数值型限值形式，第二类限值形式操作简单，容易执行，考核方式也比较简单，但是精准度不高、随机性强，不容易通过相互印证的方式监督核实。这类限值形式适宜现场检查，检查人员可以通过简易的视察方法，或采用手持设备拍摄检查，即可判断是否合规。排放水平与原料或燃料使用密切相关的行业中，为了不挤压低质原料或燃料的市场，可以采用削减比例作为限值。例如，火电厂排放标准可以采用二氧化硫去除率限值，尽量减少对高硫煤市场的冲击，因为火电厂出于达标的目的会使用低硫煤，但是高硫煤的市场或价格可能会受到影响，高硫煤也可能进入更难监管的民用领域，使用相同数量的煤排放的污染更多，社会成本也更高。各类标准排放限值形式的优缺点如表 5-7 所示。

表 5-7　各类标准排放限值形式的优缺点

限值类型		优点	缺点
数值型	浓度限值（mg/m³；10^{-6}）	可直接监测，容易达标判定，能够直接反映排放水平	不能反映绩效水平，灵活性不足，效率低
	绩效限值 [kg/（MW·h）；kg/t 产品]	采取过程和末端两种途径达标，灵活性强，效率高	国内缺乏历史使用基础；部分行业不易连续监测产量
	去除率限值（%）	直接反映去除水平	无法控制排放水平，需同时监测进出口烟气数据，成本较高
非数值型	指定设备、设施使用	可以直观判定	是一类技术标准，灵活程度最低
	操作实践	对于难以监测的情况有效，可以核查判定	适用范围小，针对特定的管理情境有效

对比上述各类排放限值形式，结合对国家行业排放标准的评估结果，建议国家行业排放标准中逐步采用以绩效限值，特别是发电、供热、平板玻璃、水泥生产等能耗较高，对原料使用计量和产品输出计量比较成熟的行业。除绩效限值外，还建议将非数值型限值纳入排放标准中，有助于提高我国对固定源中较大的面源排放、特定产排污单元的管理水平。

5.5.2.2 绩效限值设计论证

国家行业排放标准是全国范围内该行业内的固定源要遵守的最低限度的要求，需要在考虑技术和运营水平的基础上，保持适中的严格程度，并且给地方留有足够的灵活度。因此，应该采用长期平均尺度的限值，现在普遍考核的 1 h 平均尺度与环境空气质量直接相关，全国各地的空气质量水平和管理目标各不相同，1 h 平均尺度的限值限制了各地根据实际情况决定污染物排放控制水平的自由程度，而较长平均周期尺度的限值能够有效地解决这个问题。国家行业排放标准作为国家的导则，如果采用了灵活性和宽裕度较高的限值，既能保证各行业固定源污染控制达到一定的水平，又能赋予地方管理者和固定源足够的灵活性。地方管理者可以针对环境空气质量的保护目标，在每份许可证中，针对不同的源，不同的排放单元，分别制定更加严格和独特的执行标准，实现精准减排，降低固定源的执行成本。国家排放标准更强的灵活性可以显著激励企业进行技术创新，减少单位产品的污染物排放。

采用基于产出的绩效限值形式，允许固定源以其选择的任何方式满足限值要求，而非要求固定源强制使用特定的技术。允许固定源根据特定的生产和污染控制技术，调整原料、燃料使用和工艺过程等环节的管理，固定源可以自主选择成本更低、更具灵活性的方式达到排放标准的规定，有利于激励固定源技术创新。相较于浓度限值形式，绩效限值提供了实现相同目标的更具成本效益的机会。此外，采用绩效限值还有助于提高生产效率，达到节能减排的双重效应，降低固定源的合规成本，留给其更多技术开发和管理提升空间，技术激励性更好。但是也要一分为二地去看待基于产出的绩效限值，由于绩效限值和热输入量或原料输入量、热输出或产品输出量有关，相较于浓度限值，需要对原料使用和产品生产进行连续监测，以此考核是否达到绩效限值的要求。然而，对于原料使用和产品产出的监测可能会给固定源带来额外的监测负担，特别是一些难以测量的产品，或者是现有监测技术不完善的情况。因此，需要采用合理的激励机制，鼓励固定源或监测设备生产商开发监测设施，也需要国家科研机构进行这方面的基础研究，生产知识提供给应用者。

以两个 300 MW 的燃煤机组锅炉 NO_x 排放为例[①]，假设每个工厂以 80%的负荷运行，每年发电约 210 万 MW·h，采用绩效限值大幅增加了减排的灵活性。NO_x 的形成是燃烧温度和燃烧条件的函数，一些情况下，设备设计者可以通过提高效率并允许排放稍高的烟道气 NO_x 浓度来减少排放量。如表 5-8 所示。

表 5-8　燃煤电厂采用 NO_x 绩效限值的案例比较

锅炉	效率/%	绩效/ [kg/（MW·h）]	发电量/ 万 MW·h	排放浓度/ 10^{-6}	燃料输入/ kcal	污染排放量/t
1 号	34	0.41	210	25	5.292×10^{11}	945
2 号	53	0.32	210	32	3.452×10^{11}	787

基于产出的排放限值反映了针对排放的绩效指标，考虑了除燃料选择和排放控制外，效率对排放的影响。如表 5-8 所示，对两个 300 MW 发电厂的 NO_x 排放比较，可以看到由于效率不同带来的区别。如果使用浓度指标，锅炉 1 号排放 25×10^{-6}，相较于锅炉 2 号的 32×10^{-6} 更低，但是排放浓度考核并没有把效率差异考虑在内。基于产出的绩效指标衡量了效率的影响，由于效率的差异，锅炉 2 号生产同样的电力少用了 35%的燃料，意味着即使其排放浓度高于锅炉 1 号，排放量也更低。锅炉 1 号每年污染物排放量超过 900 t，锅炉 2 号每年污染物排放量不到 800 t。通过案例数据比较，说明相较于基于输出的排放限值形式，浓度限值和

---

① 案例来源于 EPA 出版的 *Output-Based Regulations: A Handbook for Air Regulators*。

基于输入的排放限值不能良好地反映对环境空气的实际影响。但是，基于产出的绩效限值能够直观反映真实差异，锅炉 1 号基于产出的绩效限值与锅炉 2 号的绩效限值分别为 0.41 kg/（MW·h）和 0.32 kg/（MW·h），可以直观比较。可见，基于产出的绩效限值考虑了能源效率的影响，允许采用提高效率作为一种控制措施，在同等条件下能够更好地激励污染物减排，激励技术创新。与此同时，除了减少 NO_x 排放，锅炉 2 号由于能源使用效率更高，协同减排效应更好，燃煤产生的包括 SO_2、PM 及危险空气污染物，都具有协同减排的效益，对于温室气体 CO_2 也具有显著的削减效益。

此外，基于产出的绩效限值确保一致的长期减排，效率随时间降低，将导致单位产出的排放增加，要求固定源通过提高效率或者减排的方式保持持续合规。基于输入的绩效标准，单位效率的恶化不反映在排放率中，并且年排放量的增加不影响合规性。

最后，对基于输出的绩效限值的优点进行总结：①固定源可以采用节能措施，通过降低燃料使用量，实现多污染物减排；②可以确保持续、长期的减排；③方便监管机构更清晰地比较不同能源生产技术和使用不同燃料的绩效优势；④为固定源提供可降低合规成本的替代性选项。

5.5.2.3　非数值型限值设计论证

通常情况下，数值型限值需要伴随控制系统的操作和维护规定。多数情况下，按照规定的操作和维护规定，实现的减排水平大于限值水平。更多情况下，非数值型限值仅应用于不适合数值型限值使用的情况，因为非数值型限值规定了操作要求或技术使用要求。例如，欧盟 VOCs 的指令对于 VOCs 的控制，很多情况下不直接使用限值，而是通过控制某些活动和装置的活动，减少 VOCs 的排放。但非数值型限制要求灵活性低，固定源必须严格按照标准的规定进行操作或使用指定类型的装备，本质上是一类技术标准，较低的灵活性减排效率低，也不利于推动技术进步。这类限值多应用于无组织排放源，或技术上难以测定、经济上昂贵、合规测试成本过高的情形。

　　由于非数值型排放标准经济效率低，因此仍然需要激励固定源技术创新，包括控制技术的创新和监测技术的创新。对于有组织排放的污染物，只是暂时监测成本高，或没有合适的可用监测技术，可采用可替代限值，设计数值型限值和设备使用或者操作限值，从而激励固定源或监测设备制造商进行技术研发和创新，开发新的监测技术，降低监测成本。对于无组织排放源，可以采取灵活的规定，如果固定源采用了创新设备或操作创新，只要固定源能够按照规定的程序和方法，证明其采用的创新方式能够达到同等水平或者更优的削减水平，即可认为合规。例如，对于 VOCs 的控制，固定源采取的创新措施包括安装新的设备、采用新开发的溶剂产品等。最终，额外的灵活性规定在一定程度上仍然有利于激励控制技术和监测技术的创新。

5.5.3　监测、记录、报告规定设计

　　CEMS 监测首先需要要求固定源对每个受控单元选用适用的监测方法和监测系统，在初始安装后进行初始认证检测。其次要求固定源使用质量保证（QA）和质量控制（QC）程序。除了 CEMS 系统处于非正常运行或进行维修、校验测试或调整期间，在受控源运行的各个阶段，包括开停机、故障期间，都应准确记录CEMS 系统所有监测项目的监测数据。每个行业排放标准中还必须包含初始绩效测试、周期性绩效测试等要求，目的是保证监测设施、监测过程绩效合格，保证监测时设备能够在指标范围内运行，测量误差在合理的范围内，从而确保执行相同排放标准的前提条件一致。

　　监测的目的是判定合规性，与使用何种限值相关。例如，采用削减率限值时，需要同时在治理设施入口处和出口处分别监测。数据监测还必须规定采样频率，如小时平均值（至少 1 个 15 min 平均值，运行时间达到 1 h，4 个 15 min 平均值），规定数据有效性认证，如规定每天至少有 18 h 有效值，30 个连续运行日中至少有22 d 有效。若无法满足条件时，固定源需按照许可证管理单位提出的要求增补数

据。排放标准中除监测规定外，还必须有配套的记录和报告规定，记录的目的是证后监管能够做到可核查、可追溯。报告也是排放标准和排污许可证管理制度衔接的重要一环，管理机构对固定源的核查主要通过报告进行，因此报告的形式、报告的途径尤为重要。报告的形式与排放限值密切相关，作为排放标准的一个组成部分。例如，针对 CEMS 监测，固定源需要向许可证管理部门报告连续监测系统的各项测试数据，包括 24 h 合规报告，报告中至少包含日期、排放值、超标排放或非正常排放原因分析及纠正措施说明、缺失数据说明、数据补遗、未纳入污染物排放速率均值计算的监测时间点（如处于开停机或故障阶段）说明等内容。如采用手动取样方法进行污染物排放监测并计算小时均值，需要详释采样时间代表性。对于其他的限值或限制性规定，也需要有相应的报告规定，如规定燃煤脱硫处理应提交报告。

5.6　推荐性国家排放标准设计与案例分析

推荐性国家排放标准（如与区域环境质量挂钩的最佳可行技术系列排放标准）作为补充，可满足未达标区有区分的环境质量管理目标要求，且相对于全国统一的强制性国家排放标准更具经济效率。根据《中华人民共和国标准化法》，推荐性国家标准由相关法律法规、规章引用后具备强制约束力。《排污许可管理办法（试行）》规定，对采用污染防治可行技术的排污单位，可认为有达到许可排放浓度的能力，可准予许可。嵌入排污许可制度的可行技术系列指南，属于具备了强制约束力的推荐性国家标准。我国已初步建立了可行技术系列规范，采用可行技术意味着污染物排放可以稳定达到国家排放标准，在此基础上的"最佳可行技术"，是指工业污染防治采用先进、可行、已得到应用的污染治理技术，污染物排放水平优于国家污染物排放标准[126]。

美国、欧盟都建立了 BAT 排放标准体系，BAT 体系对信息来源、技术筛选方法等都有较高的要求[127]。分析美国和欧盟 BAT 体系的经验和教训：美国 BAT 标准要求与州实施计划的空气质量管理目标挂钩，在新建许可证中确立并在运行许可证中执行，能起到改善空气质量、推动技术进步的效果。但是，美国推行"新旧隔断型"监管，实施有所区分的 BAT 排放标准要求，分为未达标区新源"最低排放率技术"（LAER）、未达标区"最大可得控制技术"（RACT）、达标区新源"最佳可得控制技术"（BACT）、达标区现有源"最佳可得改进技术"（BART）等，对新源更严格的监管会造成新污染源偏见，降低政策的成本有效性水平。笔者对参与美国 BAT 标准工作的专家进行访谈，认为采用过于复杂的体系，难以理解和实施，容易受到不完美信息制约、受到政治影响，导致自由裁量尺度不一致。欧盟强化了 BAT 标准在排污许可证中的地位和作用，但欧盟由不同成员国组成，存在信息交流和执行差异等问题。

相对于美国和欧盟，我国的国家制度和国家治理体系在建立和实施 BAT 标准体系方面更具有优势，新修订的《中华人民共和国标准化法》在法律层面给予了"推荐性国家标准与强制性国家标准配套"的授权，已建立全国统一的"全国排污许可证管理信息平台"，可以实时获得和共享信息。在标准化和排污许可制的框架内，完善可行技术系列规范，规定技术筛选机制、优先级排序机制、成本有效性评估机制、数据信息共享机制等，可达到未达标区的管理目标要求和激励技术进步的要求。全国统一的排污许可平台既能有效获得信息，又能通过统一平台公示、监督等，保证程序一致，减少不透明度。

参考美国的 BAT 确定程序，并结合我国的具体情况，使用排污许可平台这一全国统一的信息化平台工作，减少自由裁量权的影响。由生态环境主管部门对固定源进行审查，要求固定源尽可能技术先进，确保新建、重建、改建、扩建设施的建设和运行符合所在地区空气质量管理要求，增加的污染物排放量必须小于或等于污染物的削减量，这与《环境影响评价技术导则　大气环境》的要求一致，也与生态环境部控制污染物排放许可制实施工作领导小组会议提出的环评、总量制度与排污许可制度的全联动的总体方向相一致。但是，参考美国 BAT 系列排放限值碎片化结构带来的自由裁量权过大、许可程序复杂且成本高昂等问题，在

《中华人民共和国标准化法》的框架内，将 BAT 排放标准定位为嵌入排污许可制度的推荐性国家标准，一定程度上既吸取了美国 BAT 更具灵活性的优点，也避免了其存在的缺陷，进一步与我国排污许可制度改革的方向相一致、相匹配。对 BAT 系列排放标准的设计如下：第一，由生态环境部制定 BAT 相关导则，与各地环境质量挂钩，特别是通过地方大气环境质量限期达标规划为 BAT 排放标准的确定提供支持；第二，使用全国统一的排污许可平台数据库，所有的信息比对、筛选、审核等均通过统一的平台开展，减少不完美信息的影响；第三，固定源在项目环评许可（或排污许可申请）过程中，对拟采用的技术、成本、环境影响等开展分析，并提交申请；第四，许可证管理部门进行审查，确保拟建设和运行的设施的排放符合大气环境质量限期达标规划的要求，经过全面审查后确定 BAT 排放限值，作为许可条款在排污许可证中执行。与美国不同的是，建议我国以"三线一单"等划定的边界为基础，针对相同空气质量管理区内的同类企业，尽可能实施同样水平的 BAT 排放限值，既减少了许可部门的自由裁量权，也增加了公平性，相较于统一的国家分行业强制性排放标准更具灵活性、效率更高。

以陕西省水泥熟料生产企业为例，对 65 条水泥熟料生产线分析，多数企业能够将 NO_x 排放浓度控制在 250～280 mg/m^3 的水平。首先，对陕西省环境空气质量管理区进行划分，采用 K-means 聚类法。K-means 聚类是由麦克奎提出的一种迭代求解聚类分析算法，其基本原理为把待分类的对象中随机选择 K 个数据作为初始聚类中心，计算每个对象与 K 个聚类中心的距离，根据计算结果生成新的 K 聚类中心，并重复迭代最终输出聚类结果。K-means 分类法被成熟地运用于空气质量沙尘天气的识别[128]、$PM_{2.5}$ 污染天气的分类[129]等环境问题分类研究。当前陕西省已经基本形成夏季以臭氧、冬季以 $PM_{2.5}$ 为主要污染物的污染情况[130-131]，采用 K-means 方法对陕西省 113 个区县 2017 年至 2019 年三年的 $PM_{2.5}$ 和 O_3 第 90 百分位平均浓度数据进行聚类分析，将陕西省的环境空气在地理上划分为三大类，陕西省水泥工业企业基本分布于环境空气质量较为严重的汾渭平原（陕西）区域和环境空气质量较好的陕南地区。

某大型水泥集团的 6 家企业近年完成分级燃烧技术改造，采用分级燃烧+SNCR 脱硝技术，属于先进的控制技术，可认为在该未达标区达到了 BAT 水平。企业所在的汾渭平原（陕西）区域属于汾渭平原蓝天保卫战重点区域，氮氧化物作为主要的 $PM_{2.5}$ 前体物之一，控制氮氧化物排放是改善空气质量的主要途径之一。笔者访谈时发现，部分政府负责人员和相关研究人员认为使用更严格的 BAT 排放标准，可以改善地区大气环境质量，是可行的做法。汾渭平原（陕西）区域作为一个空气环境质量管理区，如果加严排放标准，可能带来的影响是降低污染排放控制的成本有效性，在此对氮氧化物减排应用的不同技术及其成本有效性进行讨论。成本有效性以减少每单位污染物花费的污染控制成本进行衡量。对于使用基于技术的地方排放标准或最佳可得控制技术（BAT）排放标准的成本有效性，采用最大控制成本"成本线"评价方法，如果每吨 NO_x 减排成本低于"成本线"，可认为该控制方法成本有效。

本书在汾渭平原（陕西）区域抽取了 7 家采用燃煤的窑炉和锅炉，或实施煤改气技术的锅炉，包括 3 家水泥企业、1 家发电企业、1 家热力公司、1 家瓷砖企业、1 家果汁企业，以上企业应用了不同的脱硝技术。对于脱硝成本的核算参考脱硝成本有效性计算手册[132]，采用统一的成本核算方法，计算方法如下。

总年度成本（Total Annual Cost，TAC）包括直接成本（Direct Annual Costs，DAC）与间接成本（Indirect Annual Costs，IDAC），成本的计算以一年为基础。具体计算过程如下：

$$TAC=DAC+IDAC$$

$$DAC=AMC+ARC+AEC+ACC$$

式中，直接成本（DAC）包含四个部分：年度维修费（Annual Maintenance Cost，AMC）、年度脱硝剂费用（Annual Reagent Cost，ARC）、年度电费（Annual Electricity Cost，AEC）、年度耗材费用（Annual Consumable Cost，ACC）。

$$IDAC=CRF\times TCI$$

式中，间接成本（IDAC）为总投资在本年度中的回收价值，等于总投资（TCI）

与回收系数（CRF）的乘积。

$$CRF = \frac{i}{1-(1+i)^{-n}}$$

式中，CRF 为资本回收系数（capital recovery factor）；i 为社会贴现率；n 为折旧年限，折旧年限 15 年。

总年度成本 TAC 与每年度污染控制设施氮氧化物去除数量之商，即为表征该控制方法对应的成本有效性的数值，如下：

$$Cost\ Effectiveness = \frac{TAC}{NO_x\ Removed/a}$$

式中，Cost Effectiveness 为成本有效性，元/t；TAC 表示总年度成本；NO_x Removed/a 为去除的氮氧化物排放，t/a。

每种技术的成本有效性的值（元/t）是指应用该技术去除每单位 NO_x（t）所花费的成本（元）。对于一个区域多种类别的 NO_x 控制技术，求该区域控制 NO_x 的"成本线"，即该区域控制 NO_x 成本有效性的值（元/t），参考美国最佳可得控制技术（BACT）的计算方法。在此选用最小二乘法求得该值，低于该"成本线"，即可认为是该区域控制 NO_x 成本有效的控制技术。7 家企业不同控制技术水平下的 NO_x 控制成本如表 5-9 所示。

表 5-9　7 家企业不同控制技术水平下的 NO_x 控制成本

序号	企业	控制技术		费用/（元/t）
		源头控制	末端控制	
1	水泥厂 A	分级燃烧+低氮燃烧	选择性非催化还原法（SNCR 法）	2 318
2	水泥厂 B	分级燃烧+低氮燃烧	SNCR 法	2 451
3	水泥厂 C	分级燃烧+低氮燃烧	SNCR 法	3 875
4	燃煤电厂	低氮燃烧	选择性催化还原法（SCR）+超低排放改造	7 982
5	供热公司	燃煤锅炉	SNCR 法	16 745

序号	企业	控制技术		费用/（元/t）
		源头控制	末端控制	
6	瓷砖公司	煤气发生炉改燃气锅炉	无	49 293
7	果汁厂	燃煤锅炉改燃气锅炉，无低氮燃烧技术		82 504

由图 5-7 可知，成本有效的点为 8 293 元/t 作为"成本线"，在该地区采用的污染控制技术氮氧化物平均减排成本低于 8 293 元/t，即可认为控制技术成本有效。该水泥企业的平均控制成本为 3 875 元，其采用的控制技术属于该地区内成本有效的控制技术。

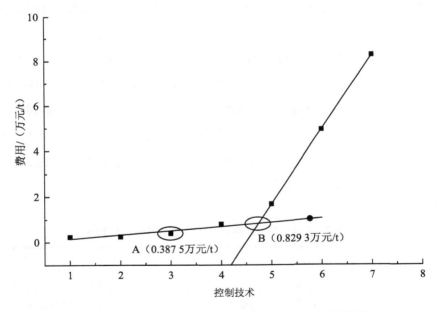

图 5-7　汾渭平原（陕西）区域 7 家企业不同控制技术水平下的 NO_x 控制成本

对陕西省所有 A 水泥集团 6 条生产线 2019 年的日尺度 NO_x 进行分析，由于数据量和尺度相似，参考美国 MACT 排放限值采用的 t 检验（Student's t-test）计算预测上限（UPL）的方法，使用 Microsoft Excel® 中的 TINV 函数计算[133]。

$$\text{UPL} = \overline{X} + t_{\text{df},p}\sqrt{s^2\left(\frac{1}{n}+\frac{1}{m}\right)}$$

式中，$\overline{X}$ 为参与计算污染物浓度的均值，$\overline{X}=\dfrac{1}{n}\displaystyle\sum_{i=1}^{N}\sum_{j=1}^{n_i}x_{ij}$；$n$ 为参与计算污染物浓度总个数 $n=\displaystyle\sum_{i=1}^{N}n_i$；$m$ 为合规时间长度；s^2 为变异系数，$s^2=\dfrac{1}{n-1}\displaystyle\sum_{i=1}^{N}\left(x_i-\overline{X}\right)^2$；

$t_{\text{df},p}$ 为在 p 置信水平下具有 df 自由度的分位数 t 分布，df＝自由度 $\text{df}=\left(\displaystyle\sum_{i=1}^{N}n_i\right)-1$。

　　随机抽取 30 个数（m 值），一共选出 150 个数，选取 150 个数中的前 50% 个数计算 UPL=147.052 3，计算表内容见表 5-10、表 5-11。如果将该未达标区水泥企业 NO_x 的 BAT 排放限值设定为 150 mg/m³，所有水泥企业进行高效分级燃烧改造后，都可稳定达到 150 mg/m³ 的 BAT 排放标准。可见，如果将 BAT 定位为推荐性国家标准，系统修订和完善可行技术系列指南，作为强制性国家排放标准的补充，在排污许可平台全面收集控制成本、控制设施污染处理效率、污染物排放等信息的能力支持下，依托信息化技术设计动态算法联系环境质量和可行技术水平，确定针对未达标区企业的 BAT 限值并通过排污许可证实施，既能满足企业所在地空气质量管理的需要，又能获得相对于"一刀切"的地方排放标准更优的经济效率。

表 5-10　6 个监测点名称和 NO_x 的监测数量

监测点名称	2 号窑尾	二线窑尾	窑尾排口	C 线排放口	D 线排放口	工艺排口
NO_x 有效监测点数	286	268	213	240	224	323

表 5-11　1 554 个 NO_x 的日尺度浓度百分位

百分位	10	20	30	40	50	60	70	80	90
浓度/（mg/m³）	108.755 5	127.106	140.308 5	153.35	165.120 5	174.58	182.441	192.618	222.170 5

　　同时，根据《中华人民共和国环境保护税法》的规定，纳税人排放应税大气污染物的浓度值低于国家污染物排放标准 50%的，减半征收环保税。该水泥企水泥窑及窑尾预热利用系统承诺执行更严格的排放限值，在排污许可证中执行，还可以得到环保税的激励。企业采取的方案是对水泥窑进行分级燃烧技术改造，税收优惠和节约的运行成本可以抵销技术改造成本，同时还能提升企业的绿色形象，受到地方政府和公众的鼓励。笔者调研发现，企业对两条水泥生产线进行技术改造，在分解炉锥体位置和烟室位置增加燃烧器，使喷入的煤粉在低氧环境下燃烧，产生 CO、CH_4、H_2、HCN 和固定碳等还原剂，与窑内产生的 NO_x 发生反应，降低分解炉的 NO_x 含量，实现 NO_x 的源头减排。经测算，企业投入一次性技术改造成本约 300 万元，NO_x 月度平均排放浓度由 220 mg/m³ 左右降到了 150 mg/m³ 以下。运行成本中占比最大的氨水使用，使用量由 1.35 m³/h 减少到 1.15 m³/h，较改造前每小时减少 0.2 m³/h。按照 2018 年水泥窑运转率 54%计算，全年氨水可节约 130 万元。根据 NO_x 排放浓度值低于排放标准 50%环保税减半征收的规定，预计全年环保税缴纳减少 110 万元。可知，在环保税政策和排放标准政策共同作用下，企业每年的运行成本减少和环保税收优惠能够减少约 240 万元，对比技术改造投入的成本 300 万元，1.25 年即可抵销投资，企业在政策激励下有充足的动力实施技术改造。可见，现行的技术水平下，在非达标区实施 BAT 排放标准的政策由于得到了环保税收的激励，企业有充足的动力接受并实施比国家排放标准更严格的 BAT 排放限值。

5.7　"协商式"环境管理与自愿性排放标准

5.7.1　"协商式"环境管理政策概念引入与适用性分析

　　完全市场机制环境政策效率高，但是在次优的现实世界里，会带来行政监管难题。按照科斯协商（Coasian bargaining）逻辑，协商的每一方都希望自己利益最大化[134]，达成协议的时间长、难度大，交易成本高，难以快速解决严峻的环境污染问题。在美国和欧盟的政策实践中，针对命令-控制型环境政策的低效率问题，采用了一系列"微调"（fine-tuning）改进措施，包括使用成本—效益分析[135]，签订灵活的环境协议[136]，结合使用环保税、排污权交易等经济激励政策手段提高效率。在我国，命令-控制型政策以强制性排放标准为主，能够实现污染物排放的重大削减。但是，强制性排放标准作为"底线"，不断加严会带来更大的实施难度和更高的社会成本。面对政策实施效果和经济效率的平衡问题，排污许可制改革提供了固定源精准化管理的制度基础，可利用"协商式"管理政策提高命令-控制型政策的灵活性，在能够达到同等或更好效果的前提下，弥补效率不足问题。

　　排污许可制度下的"协商式"管理政策属于自愿性规制。潘翻番等[45]对自愿性规制进行讨论，将其限定为政府干预较小，企业为了获得额外激励而采取的自愿规制，用于激励企业在强制性标准基础上超水平合规或促使企业更好地合规。不同国家社会制度和法律制度不同，协商政策的达成形式和实施情况也有所不同，荷兰的"环境协议"（contracts）[137]、美国的"协商性规则"（negotiated rulemaking）[138]、日本的"污染控制协议"等都代表了一种"协商性的命令-控制"政策手段。其中，荷兰的环境协商协议具有民法合同特征，可以具有法律约束力，日本的污染控制协议可广泛应用于制定排放标准、最佳可行控制技术、紧急计划等多个方面[139]。在本书的讨论中，因为《中华人民共和国行政诉讼法》将行政协议主要限定为政府特许经营协议、土地房屋征收补偿协议[140]，"协商规定"与"环境协议"有所区别，也并非一种新的成体系的环境制度形式，仅将其限定为排污许可管理制度中，通过有限度协商形成的针对特定固定源的"协商规定"。环境行政属于风险行政、复杂行政、系统行政、过程行政[141]，对"排污行为"设立的行政许可，协商许可事项无论以何种方式产生，都要具有法律法规授权，具备权威性及可操作性。根据《排污许可管理办法（试行）》的授权，可协商的许可事项包括企业承诺执行更严格的排放浓度限值、重污染天气应急期间的许可排放量和管理措施要求、强制性标准要求之外的监测和记录要求等。从经济的角度，企业自愿执行更严格的要求，主要动机包括获得激励性政策奖励、抢占预期的新标准来临的先机获得收益[142]、支出更低的守法监控成本、提高企业声誉带来经济效益等。相对于命令-控制型政策，协商性管理进行"微调"改进，在"统一标准"之外具备了更大的灵活性，激励污染削减成本较低的企业率先减排，执行更严格的排放限值，同时，企业为了达到排污许可制度的守法要求，可以选择更灵活的替代性监测方案作为补充，在强制性标准基础上超水平合规或更好地合规的情况下，达到了更高效率。

如图 5-8 所示，负有行政监管权的政府部门和固定源，可以遵循行政程序下的谈判程序[143]，进行有限度的协商并得到许可事项，将其载入排污许可证中实施。在政策激励下，企业制定更严格的排放限值方案，作为企业排放标准；制定重污染天气应急减排措施；制定监测、记录方案等作为守法证明，经政府管理部门审核通过或双方协商一致后，纳入排污许可证中执行。"协商式"许可事项的制定和执行均在我国现行法律框架内开展，只能比强制性标准更严，同时税收激励和技改补贴等均有严格的程序约束，排污许可证核发与执行的全过程信息公开并受公众监督，政府部门的自由裁量权被严格限制。

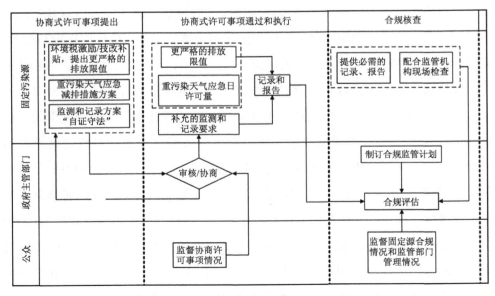

图 5-8 固定源排污许可制度中的"协商式"许可事项制定和实施流程

5.7.2 企业标准在达标规划统筹下"自愿"加严的案例分析

资料显示河南省已建成国内水泥企业 SCR 法脱硝超低排放示范项目，氮氧化物排放浓度可控制在 50 mg/m³ 的水平。据笔者调研，与案例水泥厂规模相同的某水泥企业 B 进行了超低排放试运行，在现有的 SNCR 法脱硝设施之后，再建一级 SCR 法脱硝设施。水泥熟料生产线预热器出口烟气［约 330 000 m³（标态）/h］进入 SCR 系统，进入 SCR 系统烟气的正常温度为 320℃（310～340℃），压力约为 −5 300 Pa，预热器出口烟气 NO_x 初始浓度约为 600 mg/m³（标态，按氧含量 10% 核算）。工艺流程：由预热器出口风管引烟气进入 SCR 反应塔进行脱硝反应，出反应塔的烟气重新回预热器烟气风管或进入 PH 锅炉。在出预热器烟气风管上、入脱硝反应塔的风管上及出脱硝反应塔风管上分别设有阀门，用来实现 SCR 系统运行、脱开和检修。原有的 SNCR 系统保留，当 SCR 停运时可以短时间使用。在 SCR 反应器下设置拉链机，将沉降下来的粉尘送入生料均化库。氨水经氨水泵通过管道输送至预热器二级筒出口处的喷枪位置，在与压缩空气均匀混合后，被压缩空气打散、雾化后经喷枪进入管道内与烟气充分接触。烟气在窑尾高温风机作用下进入 SCR 反应器，在催化剂作用下进行化学反应脱硝。采用预热的压缩空气对催化剂表面覆盖的粉尘进行清理，保证催化剂的活性。

试运行结果显示氮氧化物排放浓度可控制在 50 mg/m³ 的水平。假设该地区的 BAT 排放标准要求该企业将氮氧化物排放浓度水平控制在 50 mg/m³，那么按照企业 7 000 万元的总资本投资和试运行期间的运行成本，在 SNCR 法之后再增加一级 SCR 法脱硝，测算该方法下成本有效的值为 13 716 元/t，高于 8 293 元的"成本线"。如果该区域所有水泥企业均进行超低改造，"成本线"将会向上移动。但由于该技术目前仍在试验运行阶段，待技术成熟后可进行分析，如果属于该区域成本有效性强的技术，基于区域成本有效的角度考虑，该空气质量不达标区域的地方排放标准可以加严。

5.7.3 重污染天气应急排放量管理的讨论

《中华人民共和国大气污染防治法》授权县级以上人民政府依据重污染天气应急预案采取停产限产等紧急性、强制性、临时性措施。政府在重污染天气应急中应如何行使效果裁量权，才能避免"保护不足"和"侵害过度"，已经成为重污染天气应急管理的核心问题[144]。为此，生态环境部出台了《关于加强重污染天气应对夯实应急减排措施的指导意见》，对于城市应急行政紧急权力的实施进行了细化。本书基于指导意见的授权规定，讨论如何与企业"协商"而产生行政管理措施，在排污许可证中实施，既能有效削减重污染应急期间 NO_x 的排放量，又能避免"一刀切"，提高经济效率。

以 2019 年 1 月的一次重污染预警天气过程为例，在该企业研究人员对不同运行情况下的排放进行试验，分析在不停产限产的情况下，采用控制脱硝剂氨水喷量的方式降低 NO_x 排放。图 5-9 为氨水使用量与 NO_x 排放的关系。

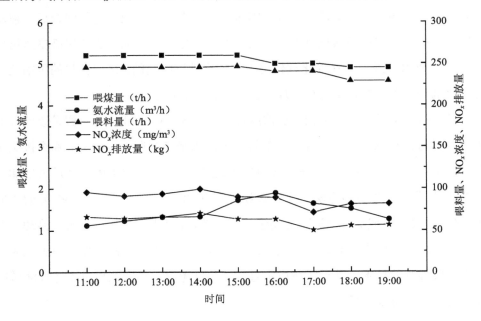

图 5-9 氨水使用量与 NO_x 排放的关系

由图 5-9 可知，11:00 到 19:00 喂煤量、喂料量和产量保持稳定，NO_x 浓度及排放量与氨水流量之间存在明显的负向关系。15:00 氨水喷量由 14:00 的 1.33 m³/h 升高至 1.72 m³/h，NO_x 浓度由 126.08 mg/m³ 降至 113.62 mg/m³。在产量不变的情况下，氨水使用量提高 29.32%，NO_x 浓度下降 9.88%，NO_x 排放量下降 9.91%。继续增加氨水使用量，同时配合小幅限产。16:00 氨水喷量由 15:00 的 1.72 m³/h 升高至 1.89 m³/h，NO_x 浓度由 113.62 mg/m³ 降到 112.65 mg/m³，氨水使用量增加 8.72%，NO_x 浓度的降幅仅为 0.88%。综上，增加氨水用量，NO_x 可以明显减排，但增加氨水使用量的边际减排效果随氨水的增加而降低。据企业反映，当 NO_x 浓度低于 90 mg/m³ 时，继续喷氨效果不佳，且受喷氨设施本身的限制和氨逃逸控制的限制，氨水流量难以超过 2 m³/h。

如果企业同步进行限产，选取 2019 年 3 月产量调整过程分析限产对 NO_x 排放的作用。

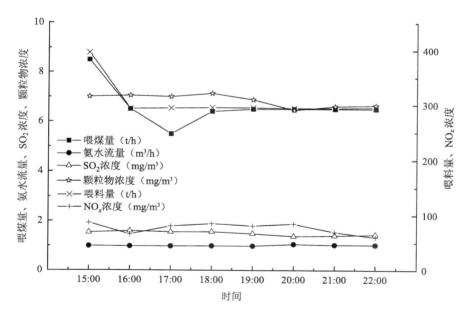

图 5-10　限产与 NO_x 排放的关系

由图 5-10 可知，15:00 至 18:00 水泥产量明显下降，喂煤量和喂料量大幅减少，在此期间氨水使用量几乎不变。16:00 喂煤量由 15:00 的 8.5 t/h 降到 6.5 t/h，下降幅度 23.53%，喂料量由 396 t/h 降到 293 t/h，下降幅度 26.01%。同一时段，NO_x 浓度由 107.29 mg/m^3 降至 80.08 mg/m^3，降幅 25.16%，17:00 继续将喂煤量降至 5.5 t/h，NO_x 浓度增加到 99.16 mg/m^3，增幅 23.75%。在此期间，由于生产工况的变化，SO_2 和颗粒物排放增加。可见，限制产量难以产生稳定的 NO_x 减排效果。

5.8　火电企业排放标准案例

在实施了固定源排污许可证管理之后，随着国家行业排放标准和 BAT 系列排放标准的不断完善，将逐步形成技术进步激励性强、迭代稳定、方向一致的排放标准互促体系。我国火电厂的清洁生产和污染控制技术已经走在了世界前列，污染物排放标准历经多次修订，是我国数据基础最完善、制修订经验最充分的行业排放标准之一。以火电行业为例，通过笔者对 H 省火电厂的案例调查和分析，结合《火电行业排污许可证申请与核发技术规范》（以下简称"火电许可证技术规范"）、《火电厂大气污染物排放标准》（GB 13223）、《火电厂污染防治技术政策》、《火电厂污染防治最佳可行技术指南（征求意见稿）》等排污许可证管理系列规定，根据前述设计内容，对排放标准制定的关键程序和技术进行案例研究。

5.8.1　排放标准执行情况评估

固定源排放标准出台并实施后，要进行周期性的评估，用于判断是否需要启动排放标准的修订程序，评估文件将作为排放标准修订的技术支撑文件。通常，每个行业都包含大量的固定源，排放标准的实施评估需要针对每个类别的固定源，进行行业层面的宏观评估，评估内容包括总体达标水平、排放水平、控制技术发展水平、排放标准实施的环境和经济影响等。针对排放标准的修订需求，特别需要关注上次排放标准出台到本次评估期间新准入的固定源排放标准实施情况，需要对其进行完善的案例评估，为排放标准的修订提供支持。评估所需的信息主要来源于排污许可证信息平台，包括排污许可证申请报告中的技术信息，如表 5-12 所示，可获得口径一致、完善度高的企业信息、燃煤锅炉信息、污染控制设施信息、排污口信息等一系列与排放标准制修订相关的技术信息，也包括固定源的排污许可证合规报告信息，后文对 H 省 A 燃煤火电厂的排放标准执行情况进行详细分析。

表 5-12　H 省 A 燃煤火电厂排污许可证申请报告中的信息

1．企业信息					
企业基本信息	企业名称		地址		行业类别代码	4411
设计生产能力	发电		供热		设计年运行小时数	5 500
原辅料设计用量	燃煤	类型热值	液氨		石灰石粉	
现执行的排放标准	标准编号		限值			

2．主要产污单元信息（燃煤发电锅炉）					
基本信息	设施编号		设施名称		4#机组燃煤锅炉	
设备信息	规格（类型）	超高压自然循环锅炉	燃烧室燃烧方式	四角切圆	额定工况热效率	91.09%
产排污相关信息	设计燃煤信息	燃料特性	单位	设计煤质	上限校核煤种	
		Cy	%	55.16	67.16	
		Sy	%	0.91	0.81	
		Ay	%	22.39	26.6	
		Wy	%	8	12.6	
		Vr	%	38.07	32.11	
		Qdwy	kJ/kg	21 658	21 658	
	设计额定工况下烟气信息	出口烟气温度	1 073℃	标干烟气量	550 000 m³/h	
监测信息	入炉煤成分监测	1 日 1 次	发电量	实时	烟气信息监测	实时

......

3. 控制设备信息

a. 脱硝设备信息

基本信息	设施编号		设施名称	4#机组烟气脱硝系统	脱硝工艺类型	SCR 法
设备信息	设计脱硝效率	>80%	还原剂	液氨	催化剂材料	V_2O_5
产排污相关信息	设计出口NO_x浓度	80 mg/m³	出口含氧量	3%	氨逃逸	<3 μL/L
监测信息	氨水用量	实时监测	烟气信息	实时监测（NO_x入口、出口浓度；含氧量；烟气量；氨逃逸率）		
成本信息						

......

b. 除尘设备信息

基本信息	设施编号		设施名称	8#机组烟气除尘系统	除尘工艺类型	电袋负荷除尘
设备信息	设计除尘效率	99.9%	电场数量	2	滤袋材质	聚对苯硫醚聚四氟乙烯
	清灰压差	800 Pa	除尘器压力差	800～1 200 Pa		
产排污相关信息	设计出口PM浓度	≤50 mg/m³（标态）				
监测信息	电压、电流	实时	前后压差	实时	烟气信息	实时监测（PM入口、出口浓度；烟气量）
成本信息						

......

c. 脱硫设备信息

基本信息	设施编号		设施名称	4#机组烟气脱硫系统	脱硫工艺类型	FGD 脱硫系统
设备信息	设计脱硫效率	>95%	液气比	10.32 L/m³（标态）	钙硫比	1.03 mol/mol
产排污相关信息	设计出口浓度		含氧量	6%		

监测信息	石灰石石膏用量	实时监测	烟气信息	实时监测（SO_2入口、出口浓度；烟气含氧量；烟气流量）	
成本信息					
4．排污口信息					
基本信息	设施编号		设施名称	4#、5#机组烟囱	
设备信息	烟囱出口形状	圆形	烟囱高度	180 m	CEMS 位置	烟囱入口
监测信息	连续监测因子	PM、NO_x、SO_2、含氧量、烟气流量、温度、湿度			
成本信息	监测设备安装成本		监测设备运行维护成本		

注：5#、8#、9#机组燃煤锅炉信息与 4#燃煤锅炉信息相同。

从排放标准修订的角度，H 省 A 燃煤火电厂包括 A1 和 A2 两组燃煤发电锅炉，均在上次火电厂排放标准出台后进行了技术改造。对 A 燃煤火电厂两组锅炉 2015 年的控制技术及污染物去除率统计如表 5-13 所示。

表 5-13　A 燃煤火电厂 2015 年控制技术及污染物去除率统计

发电锅炉	控制技术			污染物去除率/%		
	脱硝	除尘	脱硫	脱硝效率	除尘效率	脱硫效率
A1-1 锅炉	SCR	电除尘	FGD	67.67	99.92	91.27
A1-2 锅炉				64.75	99.6	90.72
A2-1 锅炉	SCR	电袋复合除尘	FGD	85.12	99.70	92.86
A2-2 锅炉				85.58	99.60	92.86

A 燃煤火电厂执行《火电厂大气污染物排放标准》（GB 13223—2011），2015 年，颗粒物、二氧化硫、氮氧化物最高允许排放浓度分别为 30 mg/m³、200 mg/m³、100 mg/m³。A 燃煤火电厂的污染物排放情况如表 5-14 所示。

表 5-14　A 燃煤火电厂 2015 年污染物排放情况

排放口	污染物		小时值达标率/ %	排放量/t	单位发电量产污量/ [g/（kW·h）]
A1 烟囱 EP-001	烟尘	月平均	98.4	5.8	0.04
		年合计	—	63.7	
	二氧化硫	月平均	99.2	82.8	0.52
		年合计	—	910.4	
	氮氧化物	月平均	84.3	64.0	0.46
		年合计	—	704.1	
A2 烟囱 EP-002	烟尘	月平均	100	17.2	0.04
		年合计	—	205.8	
	二氧化硫	月平均	100	198.1	0.45
		年合计	—	2 376.9	
	氮氧化物	月平均	99.8	137.4	0.31
		年合计	—	1 648.9	
厂排放合计	烟尘/t		269.5		
	二氧化硫/t		3 287.3		
	氮氧化物/t		2 353.0		

5.8.2　国家排放标准制修订的关键程序

5.8.2.1　技术选择与技术筛选

（1）技术筛选的关键程序

首先，技术筛选之前要对行业的工艺流程进行分析，对每个产排污单元排放的污染物项目、污染物排放量进行全面分析，选择受控设施及其污染物控制项目指标。例如，对于火电行业，产排污单元排放的污染物既包括 PM、SO_2、NO_x 等常规空气污染物，也包括危险空气污染物。其中，PM 根据颗粒物成分而定，部分属于常规空气污染物，部分属于危险空气污染物。

其次，从技术筛选原则方面，国家排放标准是基于技术的排放标准，"技术筛选"是确定排放限值的基础,也是排放标准追求技术进步激励目标的核心步骤。这里的技术既包括污染物控制技术,也包括配套的监测技术。对于污染控制技术,不能只重视末端处理技术,还需要考虑固定源的清洁性和污染控制水平[145]。同时考虑两者是制定基于产出的绩效标准的前提,清洁生产技术和末端控制技术都要包含在筛选范围内。监测技术也是重要的环节,监测能力要与排放限值和合规判定相一致,因此在筛选过程中也需要考虑合规判定要求与监测技术的组合。

最后,国家排放标准包括常规污染物排放标准和危险空气污染物排放标准。二者允许排放的阈值不同,故二者基于技术的水平不同。针对常规污染物的排放标准较为宽松,有成熟应用案例和运行稳定的技术即可,可供各方论证调整的尺度较大。针对危险空气污染物的排放标准更严格,必须是现有的(包括试点小范围应用的)严格技术,如美国 NESHAP 基于"最大可达控制技术"(MACT)技术制定,代表全国范围内控制技术最先进的 12%的水平。

工艺流程分析、控制技术分析、排放数据分析等都需要大量的监测数据、运行过程资料作为支撑,筛选出代表性的技术。国家行业排放标准依据的"技术基准"就是在国家行业排放标准上一次修订到本次修订之间,获得环评批复最新准入的固定源所使用技术的水平。由于实施了排污许可证管理,全国范围内所有行业内新准入固定源的工艺技术信息、排放数据等详细资料都可以轻松从排污许可证管理平台获取并抽取其中的关键信息,如处理效率、控制成本等,再辅以业内专家、政府管理人员的专业判断,选定适当的 "技术基准"。

(2)技术支撑文件内容

技术支撑文件的作用是为排放标准的制定提供技术支持与数据支持,特别是提供技术筛选所需的新准入新源案例的完善信息,作为技术筛选的基础。根据《国家污染物排放标准编制说明(暂行)》,其中第 4 部分为"行业产排污及污染控制技术分析",主要包括:①生产工艺及产污分析(原料、技术路线、生产工艺;产排污节点;污染物种类与排放方式;行业排放量);②排污现状分析(固定源调查数据;行业排污分析;行业排放总量占比);③污染防治技术分析(清洁生产技术；末端处理技术；现有治理情况，包括成本情况）。从技术支撑文件的逻辑性分析，现有的技术支撑文件思路和逻辑明确，但是各个行业的编制说明差异较大，特别是对案例的调研和测试，由于缺乏排污许可证数据库的支持，选取的案例技术代表性各异，技术支撑性不足。我国全面实施固定源排污许可证管理，具备了逐步建立与实施 BAT 系列排放标准管理的基础。因此，在具备了扎实的新源案例和数据支持的条件后，需要对原有的国家行业排放标准制修订过程的技术支撑文件内容进行升级设计，满足新体系下排放标准制修订工作的需求。对于技术支撑文件的设计如表 5-15 所示。

表 5-15　国家行业排放标准制修订技术支撑文件目录与内容设计

目录	核心内容
1. 生产工艺及产排污单元分析	①工艺环节描述和总结； ②产排污单元识别和分析
2. 受控单元污染物排放分析 （分污染物分析）	①受控单元污染物排放识别与分析； ②污染物产生、排放原理、特征； ③污染物排放影响因素
3. 污染控制技术分析 （重点对上次标准实施到本次标准修订期间准入的新源进行分析）	①污染控制环节和控制技术描述； ②国内已有的新准入固定源控制技术实际运行和测试数据（分控制技术类别分别分析）； ③国外同类源运行和测试数据（分控制技术类别分别分析）； ④正在开发试验的技术分析
4. 控制成本	每种方法与典型案例的控制成本与对比分析

（3）火电厂排放标准技术筛选案例

以燃煤火电厂常规污染物国家行业排放标准为例，进行最佳示范技术筛选。燃煤火电厂工艺生产流程通常为：原煤入厂—磨煤粉—煤粉输送—锅炉燃烧—水蒸气推动汽轮机运转—发电机发电。以 H 省 A 燃煤火电厂为例，各工艺环节常规污染物的产排污情况如表 5-16 所示，H 省 A 燃煤火电厂产排污工艺流程和产排污节点如图 5-11 所示。

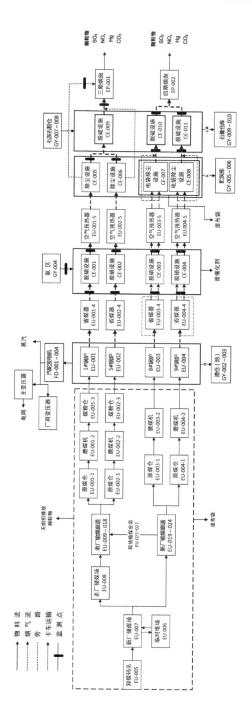

图 5-11 H 省 A 燃煤火电厂产排污工艺流程和产排污节点

表 5-16 A 燃煤火电厂各工艺环节常规污染物的产排污情况

工艺环节	产污设施	控制技术	排放形式	污染物	监测技术
备煤环节	卸煤码头、堆场、储煤场、输煤系统	使用接料斗；覆盖、洒水等操作减少扬尘；输煤密封廊道收尘器	无组织排放	煤尘（单一成分颗粒物）	定期视察；参数替代监测
锅炉产污环节	燃煤发电锅炉	电袋复合除尘；低氮燃烧+SCR 法脱硝；石灰石—石膏法脱硫	有组织排放	PM、SO_2、NO_x	CEMS

燃煤发电工艺流程比较简单，污染物主要来源于煤炭的燃烧，产生于燃煤发电锅炉，产生 PM、SO_2、NO_x 等多种气态污染物，最终通过烟囱有组织排放。备煤环节的排放主要包括煤炭运输、堆放、粉碎等过程中产生的无组织排放污染物，该环节中污染物产生量和排放量占比小、成分单一。并且由于不同的固定源之间燃煤输送方式、储存方式差别较大，备煤阶段的产排污设施不适合在行业排放标准进行管理，适合在 BAT 系列排放标准中，逐源制定仅针对单一固定源的控制方案。

国家行业排放标准的管理对象是燃煤发电锅炉，对其现执行的常规污染物排放标准进行分析，确定需要进行更新的指标。首先，2014 年后，火电排放标准大幅加严了对三项常规污染物的限值要求，燃煤电厂对除尘、脱硫、脱硝设施均进行了大范围改造，控制水平较高，且仍在可靠的运行寿命内。随后，由于政策的鼓励，火电厂又开始了超低排放改造，已有了多个稳定运行的案例。我国现在并未实施 BAT 系列排放标准，通过案例调查，对执行新标的 H 省 A 燃煤火电厂机组，H 省新建的 B 燃煤火电厂超低排放机组，结合文献中其他新建案例电厂机组锅炉情况，对控制技术进行筛选。以颗粒物控制技术为例，如表 5-17 所示。

表 5-17 新建（改造）案例燃煤火电厂颗粒物控制技术

机组	规模	控制技术	设计效率/%	排放水平/（mg/m³）	运行效果/（mg/m³）
A1	2×138 MW	电除尘器	99	≤30	—
A2	2×330 MW	电袋复合除尘器	99.9	≤30	—

机组	规模	控制技术	设计效率/%	排放水平/(mg/m³)	运行效果/(mg/m³)
B1	2×350 MW	布袋除尘器+湿式电除尘器,加上湿法脱硫设施的除尘效率	99.94	≤10	5.7
B2	2×350 MW	布袋除尘器+湿式电除尘器,加上湿法脱硫设施的除尘效率	99.94	≤10	—
C	350 MW	ESP+WESP 二次除尘	ESP：99.94 WESP：70	≤5	2.55
D	630 MW	柔性湿除+湿式相变凝聚一体化（首创）	湿式除尘：≥75	≤5	1.74
E	1 030 MW（高灰煤）	超净电袋复合除尘	99.8	≤10	—

　　国家行业排放标准技术筛选的主要依据是近期准入的新固定源所能达到的技术水平。提标改造之后，使用静电除尘（ESP）、袋式除尘（FF）、电袋复合除尘（ESP+FF）等技术可以达到最新火电行业排放标准的要求，除尘技术在新建燃煤火电机组锅炉和提标改造机组锅炉上得到大规模应用。除尘技术的选择主要取决于环保要求、燃煤性质、飞灰性质、现场条件、电厂规模和锅炉类型等。传统使用电除尘器的电厂数量最多，烟尘去除效率高，如 A1 机组 5 级电除尘器的设计去除率能够达到 99%以上。但是，电除尘器存在受煤质和特殊粉尘影响、安装调试等多项问题[146]，并且电除尘器维护时必须停机。例如，A1 电除尘器出现因一氧化碳或过量空气水平升高，导致电除尘器故障，短期烟尘无治理高排放的问题。随着技术的进步，布袋除尘器在滤料材质、滤料寿命等"瓶颈"问题上得到了突破，相较于电除尘器，布袋除尘器具有处理效率高、维护简单、受煤质工况影响小等多重优点，得到了越来越广泛的应用。电袋复合除尘器同时兼具电除尘器和布袋除尘器的优点，可以通过电除尘器改造而来，除尘效率高效、稳定，技术适应性强，滤袋使用寿命高，一次投资和运行费用低于单独采用袋式除尘器的费用，并且具有超过协同脱汞作用。截至 2014 年年底，火电厂燃煤机组安装袋式除尘器、

电袋复合式除尘器的容量占全国的 22.9%[147]。A2 电袋复合除尘器的效率可达
99.9%以上，环境保护部 2014 年 8 月以后审批的煤电项目显示①，电袋复合除尘
效率均高于 99.9%。

　　目前，在除尘技术方面，使用超净电袋复合除尘技术、耦合增强电袋复合
除尘技术、低低温电除尘技术等均能够达到 20 mg/m³，甚至是 5 mg/m³ 的超低
排放水平[148]。超低排放改造是一项系统改造，H 省 B 燃煤火电厂采用布袋除尘
器（FF）+湿式电除尘器（WESP）+湿法脱硫设施（WFGD）的改造，实测除尘
效率为 99.94%，湿式电除尘器对减少烟尘中 $PM_{2.5}$ 的一次排放具有显著效果，而
且还能够协同去除烟气中汞及其化合物等危险空气污染物。但是，颗粒物超低排
放增加的成本较高，有研究分析使用超低排放技术后，单位除尘成本增加的边际
成本约 30.99 元/kg[149]。此外，就监测技术和实例来看，烟尘采样装置采集误差较
大，不足以准确监测超低值[150]。

　　综上分析，以成熟、稳定的技术筛选原则，可以将布袋除尘器、电袋复合除
尘技术作为筛选得到的最佳示范技术。以上两项技术多数是对原有的电除尘器进
行大规模改造后完成的，超低排放除尘技术虽然更为先进，但是考虑合规监测技
术不成熟等问题，不宜作为当前阶段的最佳示范技术。

5.8.2.2　排放限值确定

　　在技术筛选完成后，接下来要根据筛选出来的控制技术和监测技术组合，应
用统计分析的方法，对新源的实际运行数据进行分析，得到基于该技术的排放限
值。控制技术水平体现的是新案例固定源污染物减量系统（包括生产过程减量和
末端减量系统）的削减能力，但是某些污染物（如 SO_2、汞）的排放除与削减率
有关外，还与污染物的产生有关，污染物的产生与使用的原料、燃料等多重因素
相关。因此，对于与原料或燃料直接关联的情况，需要区分不同原料或燃料种类，
分别制定不同的限值。例如，对于火电厂，燃煤锅炉使用的燃料分为气态、液态、

---

① 数据来源于环境保护部信息公示，http://www.zhb.gov.cn/xxgk/gs/gsq/。

固态，固态燃料又分为燃煤和其他固态燃料，燃煤又分为不同地区出产的煤，硫分差异极大。因此，制定火电厂 SO_2 的排放限值时，应当考虑在同等的控制技术水平下，由于燃料的不同所造成的排放水平的差异，制定依照燃煤分类的限值，这样不会导致因为燃煤的扭曲选择干扰了燃煤市场，有利于增加公平性和提高效率。但是，也可以通过洗选技术以及混煤技术，在入炉前对燃料中硫含量进行调整，洗选和混煤技术也应当作为技术筛选的组合部分。对于颗粒物的排放，使用布袋除尘器和电袋复合除尘器，不同的燃煤影响波动不大，不需要分燃煤类型，制定煤型有别的排放限值。针对颗粒物的排放限值具有多种形式，包括浓度限值、绩效限值等，由于我国现执行的国家行业排放标准中采用了浓度限值，故在此只提出针对绩效限值的制定方法。例如，可以借鉴美国 NSPS 基于"最佳示范技术"（BDT）排放限值的确定方法，以汞排放限值的确定为例：①汞的产生与燃料含汞水平线性相关，控制技术体现的是削减水平，因此按照燃料分类，分别确定使用每种燃料可实现的汞排放水平；②采用单侧 t 检验法，确定汞削减效率 90%分位数（BDT 预计能在 90%的时间内实现的控制效率）作为该 BDT 水平能够实现的控制效率；③通过燃料汞含量和燃料的热值确定最大平均无控制状态下的汞排放率；④用无控制状态下汞排放率与 BDT 的控制效率相乘，即可得到基于产出的绩效限值。

与浓度限值不同的是，绩效限值除连续监测排放数据外，还需要连续监测产品的产出情况，以此对合规情况进行判定。证明合规至少包括以下几个部分：①确定合规程序。必须获得合规表格，许可证表格或其他必要的文件，使用何种方法取决于测量的能量输出数据是否可用。②确定数据对于合规的必要性。查看合规计算方法和其他输入，以确定计算系统的排放限制所需的数据。通常需要以 MW·h 测量的电输出数据和热输出。③执行适当的数据收集程序。安装适当的排放和输出测量设备（电和热）并收集排放和输出数据。④计算合规性。使用所需的计算方法来确定系统基于输出的排放情况。⑤提供完整的合规或者其他必要的表格。

5.8.3　确定各类排放限值的程序

5.8.3.1　最佳可得控制技术标准

以 H 省 A 燃煤火电厂 A2 机组燃煤锅炉为例，锅炉使用低氮燃烧技术，不能满足当地空气质量目标的管理要求。为了达到更优的排放水平，需要对 A1 燃煤锅炉进行末端脱硝改造，在低氮燃烧的基础上加装末端脱硫设施。根据空气质量管理的需要，在排污许可证中，可以提出更严格的排放限值，确定该产排污单元所要达到的 BAT 排放标准。燃煤发电锅炉加装末端脱硝设施后的主要工艺：煤粉经磨煤机进入锅炉燃烧产生热量和烟气，产生水蒸气进而带动汽轮发电机发电，烟气通过省煤器初次降温，达到脱硝温度要求，进入脱硝设施，脱硝出口烟气经空气预热器再次降温，进入除尘设施。燃煤发电锅炉信息如图 5-18 所示。

表 5-18　燃煤发电锅炉信息

燃煤锅炉	锅炉规格：969 t/h 超高压自然循环锅炉；燃烧室燃烧方式：四角切圆，使用低 NO_x 燃烧技术；额定蒸发量：969 t/h；额定发电功率：330 MW×2；设计年运行时间：5 500 h/a		
设计燃煤信息	燃料特性	设计煤质	上限校核煤种
	收到基硫 S_{ar}	1.0%	1.0%
	收到基氮 N_{ar}	1.0%	1.1%
	空干基水分 M_{ad}	2.5%	5%
	收到基低位发热量 $Q_{net, ar}$	23 007 kJ/kg	23 417 kJ/kg
	干燥无灰基挥发分 V_{daf}	30.7%	42%
	收到基灰分 A_{ar}	18.3%	18%
烟气信息	炉膛出口烟温：1 025℃　脱硝装置入口烟气温度：310～420℃排烟温度：146℃　标干烟气量：1 160 000 m³/h		

确定最佳可得控制技术排放标准分三步：首先，筛选出现有的可供改造的所有的控制技术，信息来源于排污许可证信息平台的同类源排污许可证申请报告；其次，按照控制技术的削减效率水平，对可选的控制技术按照去除率由高到低进行排序；最后，进行成本有效性和环境影响评估，选定最佳可得控制技术，确定该技术水平下所能达到的排放水平，作为该燃煤锅炉所需遵守的排放标准。

第一步：列出可采用的 NO_x 控制技术，如表 5-19 所示。

表 5-19　可采用的 NO_x 控制技术

控制技术	削减率/%	备注
SNCR 烟气脱硝技术	35	一次改造
液氨法 SCR	80	一次改造
尿素热解法 SCR	80	一次改造
低氮燃烧器改造+SCR 脱硝提效	85	二次改造

第二步：对可供选择的四项技术进行排序。削减率水平由高到低依次为：低氮燃烧器改造+SCR 脱硝提效二次超低排放改造；液氨和尿素热解 SCR 法脱硝技术一次改造；SNCR 烟气脱硝技术一次改造。

第三步：最佳可得控制技术排放标准确定。SCNR 法去除效率较低，排放浓度水平达不到国家火电厂排放标准的要求，首先排除了该技术。按照经济分析机制中的成本核算方法，对其余三项可选技术的改造增加的建设成本和年运行成本进行核算，考察成本有效性和对环境影响的分析，选出合适的最佳可得控制技术。三项备选技术的成本有效性和环境影响预测分析如表 5-20 所示。

在控制成本分析方面，同样达到 90 mg/m³ 的排放水平，液氨法 SCR 增加的建设成本和年运行成本都低于尿素热解法 SCR，两者相比液氨法 SCR 技术更为成本有效，该厂具备液氨储存和使用的条件。燃煤火电厂 A 所在的区域为达标区，无达到国家排放标准后继续减排的强制要求，使用低氮燃烧器改造+SCR 脱硝提效二次超低改造成本有效性更低。

表 5-20   三项备选技术成本有效性和环境影响预测分析

控制技术	产生量		排放水平		经济影响		环境影响
	浓度/ (mg/m³)	产生量/ t	浓度/ (mg/m³)	排放量/ t	增加的建设 成本/万元	增加的年运 行成本/万元	
液氨法 SCR	450	5 336	90	1 067	11 669	2 589	少量冲洗废水; 重金属催化剂
尿素热解法 SCR	450	5 336	90	1 067	13 050	3 376	少量冲洗废水; 重金属催化剂
低氮燃烧器 改造+SCR 脱 硝提效	450	5 336	50	712	4 426	−135	少量冲洗废水; 重金属催化剂

在环境影响分析方面,三项技术的环境影响均较小,在脱硝过程中只产生少量设备冲洗废水,以及脱硝所用的重金属催化剂。重金属催化剂最终可交由具有资质的企业回收,进行无害化处置,环境影响较小。故可以选择液氨法 SCR 所能达到的水平 90 mg/m³(标态)作为氮氧化物的最佳可得控制技术排放标准。

5.8.3.2   高架源排放率

与空气质量相关的高架源排放速率的确定,使用环评导则中新建、改建、扩建设施对大气环境影响的程度和范围的方法。以 H 省 B 燃煤火电厂为例,按照规划中提出的标准,该地区的环境空气质量目标为二级空气质量标准。根据 B 燃煤火电厂项目环评报告书,评价的影响区域为以火电厂为中心,13 km×13 km 的矩形区域,最大落地点距离 6.5 km。采用 AERMOD 模型,按照固定源参数设计和校核煤种的较大值,对三种污染物的落地浓度进行预测。结果显示,SO_2、NO_2 小时最大落地网格浓度分别为 0.027 5 mg/m³ 和 0.038 9 mg/m³,分别占各自二级标准的 5.51% 和 19.45%;PM_{10} 日均最大落地网格浓度为 0.000 5 mg/m³,占二级标准的 0.36%。

根据环评批复结果，按照工程设计阶段设计的 210 m 高烟囱，采取污染物控制技术后，大气污染物在小时尺度范围内对当地的环境空气质量带来的影响可以接受。因此，可以认为该控制技术水平的最高排放速率，可作为该固定源的小时排放速率标准，与局地环境空气质量直接挂钩。针对 B 燃煤火电厂的小时排放速率限值如表 5-21 所示。

表 5-21　环境空气影响预测的污染源参数

煤种	机组	烟囱高度/ m	排烟温度/ K	SO_2 排放速率/ （kg/h）	NO_2 排放速率/ （kg/h）	PM 排放速率/ （kg/h）
设计	B1（2×350 MW）	210	318	109.4	—	—
校核	B2（2×350 MW）	210	318	—	154.5	13.2

5.8.3.3　固定源排放量

我国实施总量控制政策，在全面推行排污许可管理制之后，总量减排目标与环境空气质量管理目标相一致，按照单个空气质量控制区的管理目标，将总量控制指标落实到每个固定源。在发给火电厂的排污许可证中，包含每个电厂、各发电锅炉 3 种常规污染物不同时间尺度的许可排放量，包括年许可排放量、不同级别应急预警期间日排放量、冬防阶段月排放量等。

排污许可证中不同类型、不同时间尺度的许可排放量具有不同的管理意义。年许可排放量一般于两个阶段确定，一是在新建、改建、扩建之前的环评阶段，二是在运行阶段，针对未达标区现有源的减排管理。在新建阶段，面对的是新增量的问题，如果固定源位于达标区，需要固定源自行证明采用的污染控制技术水平足够先进，至少满足规划中提出的准入要求；如果固定源位于未达标区，不仅需要将许可排放量认定为代表了最先进控制技术水平的排放量，该排放量还必须来自区域内现有固定源的核定削减量，保证非达标区的总量只能削减不能增加。对于应急期间的日排放量，与短期环境空气质量相关，与固定源各产排污单元的绩效水平和管理水平直接相关，最终体现为在产能削减、生产产能低态稳定运行、高管理水平下的日排放量。同样，对于特定时期的月排放量，仍然是基于产能削减、管理水平等为依据的排放量标准。不同阶段、不同尺度的排放量限值确定有不同的依据，以下以 H 省 A 燃煤火电厂为例，对以不同方法确定的排放量标准进行探讨，如表 5-22 所示。

表 5-22   A 燃煤火电厂燃煤锅炉排放量限值探讨

单元	阶段	方法依据	排放量/（t/a）
A_1（2×138 MW）	改建	环评中依据控制设备减排水平预测（按照 5 500 h 生产数）	NO_x：1 876.8 烟尘：678.63 SO_2：12 070
A_2（2×330 MW）			PM：228.8 NO_x：975.7 SO_2：1078
A_1（2×138 MW）	许可证发放（现有源）	许可证技术规范中的绩效法①机组年许可量=装机容量（MW）×5 000×排放绩效 [g/（kW·h）]×10^{-3}	PM：483 NO_x：552 SO_2：966
A_2（2×330 MW）			PM：396 NO_x：1 320 SO_2：2 310
A_1	许可证发放（现有源减排管理）	按照上年度运行数据统计确定②	（1）实际排放量； （2）排放绩效 [单位：g/（kW·h）]； （3）计算各种绩效水平下月份折合量； （4）各种百分位数的浓度对应量
A_2			

注：①以全国范围内的排放绩效水平为依据，采用系数法计算。
②该方法由笔者根据实际排放数据分析与实际工程技术管理结合，A 燃煤火电厂环保工程师认为在现有技术水平下通过加强管理可达到。

以 SO_2 为例，针对 A 燃煤火电厂 A2 机组的年度排放量统计结果如表 5-23 所示。

表 5-23　A2 机组的年度 SO$_2$ 排放量统计结果　　　　　　　单位：t

月份	实际排放量	最佳绩效月份折合量	最差绩效月份折合量	平均绩效月份折合量	95%分位浓度对应量	90%分位浓度对应量	80%分位浓度对应量
1	160	143	186	165	203	195	155
2	165	165	215	191	241	233	184
3	225	177	231	204	259	250	197
4	231	177	231	204	270	261	207
5	221	186	243	215	270	261	206
6	231	178	232	205	259	250	197
7	190	181	237	209	254	245	194
8	193	187	244	216	270	261	206
9	195	175	229	203	254	245	194
10	213	170	222	196	252	243	192
11	205	172	224	198	249	240	190
12	146	142	185	164	223	215	170
月均	198	171	223	198	250	241	191
年合计	2 376	2 052	2 678	2 370	3 002	2 898	2 292

对三种方法进行比较，环评准入时排放量是按照生产设备的预估生产能力，结合控制设备的处理能力预测污染物产生量。实际运行生产中，由于燃料的变化、管理的改进、产量的变动等因素，实际排放量与环评准入量存在较大的差异，以当时的预测量作为上限缺少管理意义。按照许可证技术规范中的绩效法核算的排放量，本质上是一种系数法，系数来源于全国同类源的统计结果，具有一定的参考价值，但是按照系数法核算的排放量许可只与行业平均水平有关，与局地环境空气质量管理的关联较小，可以作为一项参考依据，与该源的历史排放水平共同确定排放量许可限值。根据统计结果所示，由平均绩效月份折合的年度排放量略低于实际排放量，80%分位浓度对应的计算量略低于实际排放量，在年度尺度上，可以要求 A2 锅炉第二年的年度许可排放量不低于上年度平均绩效月份所对应的排放量指标。对于月排放量，可以结合环境空气质量达标规划的要求，规定冬季

采暖季的月排放量不高于最优绩效月水平，对于重污染天气的日排放量，可以要求必须达到 80%或更低浓度分位数水平对应的量。可见，相较于准入时期预测排放量和按照许可证技术规范中的绩效法核定的许可排放量，使用统计分析的方法更有效，可以根据实际空气质量管理要求进行灵活调整，最终只要管理机构和固定源达成一致，证明方案可行，纳入排污许可证管理即可。

5.8.3.4 小型排放单元过程控制参数替代性方法

针对不同污染物使用不同设备情形下的排放，以电厂为例，参考美国的守法保证监测计划（CAM），对于不容易连续监测、监测成本高的排放单元，使用了一种灵活的、可替代的监测方式，通过替代性连续指标证明该排放单元合规排放。由于该监测计划的制定基于个案原则，固定源对每个项目的选取与设计有较大的自由度，地方排污许可证管理机构对固定源提出的计划，审核通过后纳入排污许可证管理即可。为了减轻固定源和许可证管理机构的工作量，提高工作的规范性，需要制定相应的指南文件，指导固定源在指标选择、指标范围、监测方法等方面的计划编写工作。

以 A 燃煤火电厂布袋除尘器为例，由于输煤、燃煤破碎、燃煤采样等工艺环节中都涉及煤尘的排放，为了保护工艺环节中的工人，采取了密闭廊道和密闭仓库管理，在转运节点、车间等多处设置了 33 个除尘器，主要以小型袋式除尘器为主。此处袋式除尘器排放量远低于 A1、A2 高架源烟囱的排放量，安装连续监测设施成本有效性不足。以采样间布袋除尘器为例，采用过程参数替代性指标，具体步骤如下：①选取替代性监测指标。针对小型收尘器，选取易连续监测、能代表污染控制水平或排放水平的替代性指标，在此选取袋式除尘器压力差、清灰机制两项可监测、易记录、便核查的替代指标，作为替代性监测指标，代替连续监测成本较高的小型除尘器的排放口 PM 浓度。②设置指标范围。按照除尘器设计手册，根据除尘器所能达到的绩效水平，设置合适的压力差范围和清灰操作条件，在设置范围内或条件下，能够做到连续排放合规。③监测的绩效标准。监测的绩效标准是为了保证监测数据能反映实际的排污水平。包括收尘器按照国家规范设计的传感器偏差水平、对于压力传感器的安装位置、安装和校准、比对监测、工况核查、监测频次等。针对 A 燃煤火电厂除尘器的过程参数替代监测方法如表 5-24 所示。

表 5-24　针对 A 燃煤火电厂小型收尘器的替代参数监测方案设计

1. 监测指标与监测方法		指标 1	指标 2
	监测指标	袋式除尘器压力差	清灰机制
	监测方法	压力传感器监测	
2. 监测指标范围		压力损失不能低于 1 000 Pa	过滤风速 1～2 m/min
3. 绩效标准	（1）数据代表性	布袋除尘器压力传感器偏差不超过 0.5%；压力传感器安装于气体入口与出口处	—
	（2）工况核查	—	—
	（3）质量保证	每年比对监测 1 次	—
	（4）监测频率	连续监测	实时监测和记录
	（5）数据采集程序	每 5 min 仪器自动收集一次平均值，1 h 均值对每 5 min 均值进行加总平均，自动记录	—
	（6）平均周期	1 h	—

5.8.3.5　无组织排放管理规定

对于燃煤发电厂，燃料、辅料、废料在粉碎、转运、储存过程中都会产生无组织排放物，排放量较小，但是仍要进行监管。主要方式是在新（改、扩）建的过程中，确定管理要求，纳入排污许可证管理中，或在排污许可证发放前，对产排污现状评估后，将达标计划中的规定纳入排污许可证管理中。以 A 燃煤火电厂为例，A 燃煤火电厂属于现有电厂，在申领排放许可证之前，针对无组织排放的 BAT 系列标准如表 5-25 所示。

表 5-25　A 燃煤火电厂 BAT 系列无组织排放标准

工艺环节	管理规定
卸煤	卸煤作业设置接料斗，减少卸煤扬尘
临时堆煤	（1）堆放周期不超过 3 天，记录堆放周期；（2）控制自燃，堆场内部配备推耙机，煤堆温度高于 60℃时进行翻压，或者立即用消防水浇灭，每日记录处置情况；（3）大风预报时，彩条布覆盖，煤包压边，记录每次采取措施的时间与责任人；（4）在申领许可证后两年内进行封闭改造
煤炭输送	（1）输煤皮带运行期间廊道窗体密闭；（2）各转运点设除尘设施，输煤系统各栈桥面、碎煤机室及转运站等定期用水冲洗，防止煤尘逸散

5.8.3.6　启停、维护时期的操作规定

燃煤发电锅炉运行过程分为正常运行和启停两个时段。在启停期间，锅炉运行的稳定度不足，该时段产排污状态不同于正常生产工况。启动期、停运期指启动过程和停运过程，启动期指从锅炉点火时刻开始到环保设施全部正常投运之间的时段；停运期指从环保设施开始退出到锅炉灭火时刻之间的时段。机组启停与环保设施全部投运无法做到完全同步，启停过程中排污高于正常运行时段。

以 A 燃煤火电厂为例，启停时的状态如下：烟温达到 310℃，10 min（最长 30 min）内启动投运脱硝设施；烟温超过 420℃，脱硝设施退出。A1 电除尘器燃油期间不能正常投运，其他时间与机组同步投运。A2 电袋复合除尘器，在烟温达到 110℃，10 min（最长 30 min）内启动投运布袋除尘器；超过 180℃，布袋除尘器退出。A1 脱硫设施燃油期间不能正常投运，其他时间与机组同步投运。启停期间，脱硫设施一般会正常运行，特殊情况必须报告。电厂机组的启停通常发生在计划的检修期，检修计划由电网调度决定。按照 A 燃煤火电厂内部运行规程，可将冷态启动控制在 8 h 内，热态启动控制在 3 h 内，停运控制在 3 h 内。

为了减少启停时期的污染物排放，需要由火电厂制订启停期间管理计划，并交由许可证管理部门审核，纳入排污许可证管理中。为了减少启停期间的污染物排放，要求启停过程中采用以下两项特定的限制措施：①使用的燃煤煤质（挥发

分、灰分、硫分）优于设计煤种，启停期间以最优质煤配合应急控制使启停期间的产排污最小化；②控制启停时长在最优范围内。对启停时间的要求如表 5-26 所示。

表 5-26　启停时间控制　　　　　　　　单位：h

机组	冷态启动耗时	热态启动耗时	停运耗时
4#机组	8	3	3
5#机组	8	3	3
8#机组	8	3	3
9#机组	8	3	3

5.9　固定源排放标准法律法规制度框架设计

5.9.1　法律中对固定源排放标准的规定

立法是固定源排放标准管理能够形成稳定"制度"的前提，法律条款针对固定源排放标准的部分属于"制度"的一部分。从法律的角度，固定源排放标准定位为部门规章，是对固定源污染排放行为具有强制约束力的行动准则。在现有的环保法律中增加相关条款或增设专门的排放标准法律，包含不确定法律概念的排放标准制定原则，为排放标准与技术发展的关系提供框架性指引；包含从立项、评审到数据收集、分析在内的标准制定程序，以保证标准制定的透明性；包含与行政法、程序法、刑法相配套的执行和监督措施，以保证标准的实施力度；以法律附件的形式使排放限值等技术性条款与法律条文正文具备同等效力。明确对自愿性排放标准的支持政策，大量增加排放标准的市场主体供给，作为推动固定源环境保护技术进步的主要动力。

首先，需要在法律中明确固定源排放标准是一类基于技术的排放标准，对于不同"技术"类别的排放标准，需要进行清晰地界定，以此指导各类排放标准制定的边界。法律中应当明确国家行业排放标准中包括针对常规空气污染物的排放标准和针对危险空气污染物的排放标准两种类型，明确 BAT 系列排放标准与环境空气质量达标目标之间的关系。其次，在法律中，需要定义各层、各类排放标准的适用对象范围，提出行业分类目录，提出危险空气污染物识别目录，提出初次制订计划与修订计划，明确各类标准的管理者、制修订原则和程序，明确各类标准的执行者。最后，在法律规定的框架范围内，授权特定的标准制定主体制修订相关法规，用于规范排放标准的制修订工作与实施工作，确保法律规定的各类标准能够准确、有效、一致地制定与执行。依照上述原则，法律中针对固定源排放标准制定与执行规定的建议如表 5-27 所示。

表 5-27　法律中针对固定源排放标准制定与执行规定的建议

类别	法律条文要点
常规空气污染物国家行业排放标准	①与环境空气质量无直接关联，由国家生态环境主管部门基于成熟稳定的现有连续稳定削减技术制定； ②达到该技术水平，可以用不同的限值形式表示（如浓度、去除率、绩效、设计、设备、操作实践等或其组合等）； ③固定源行业分类目录； ④首次制订计划； ⑤制修订原则和程序； ⑥强制执行和违反排放标准的处罚规定
危险空气污染物国家行业排放标准	①与环境空气质量关联性弱，由国家生态环境主管部门基于最大可得的现有连续稳定削减技术制定； ②危险空气污染物名录和增减规定； ③达到上述①所述技术水平，可以用不同的限值形式表示（如浓度、去除率、绩效、设计、设备、操作实践等或其组合等）； ④固定源行业分类目录； ⑤首次制订计划； ⑥制修订原则和程序； ⑦强制执行和违反排放标准的处罚规定
BAT 系列排放标准	①城市环境空气质量达标规划，包含 BAT 系列排放标准管理要求； ②区分位于达标区和位于未达标区的不同对象，区分现有和新固定源的不同要求
自愿性排放标准	明确对自愿性排放标准的支持政策
排放标准的实施	排放标准依靠排污许可证实施

针对国家排放标准部分：①规定国家行业排放标准分为常规空气污染物排放标准和危险空气污染物排放标准。国家常规污染物行业排放标准可以界定为由生态环境部制定的基于"现有的、有成功案例应用的连续、稳定削减技术"所能达到的排放限制程度。国家危险空气污染物排放标准可以界定为由生态环境部制定的基于"现有的、已研发成功的最大连续、稳定削减技术"所能达到的排放限制程度。排放标准限值（或限制性规定）反映了非直接空气质量目标，综合考虑排放削减成本、健康和环境的影响、能源影响等限制性因素后制定。②在法律中规定危险空气污染物列表。规定由生态环境部在每隔五年发布固定源排放标准制定计划目录，包括常规空气污染物行业排放标准制定计划目录和危险空气污染物排放标准制定计划目录。③对于新兴的、快速发展的行业，尚未制定国家排放标准的固定源，针对常规污染物的排放标准可以参考类似排放水平和行业固定源的排放标准，对于危险空气污染物的排放，需要明确排放污染物的种类，最终要达到最大可得的控制水平。

针对 BAT 系列排放标准部分：①BAT 系列排放标准不得比国家行业排放标准更宽松，国家行业排放标准是 BAT 系列排放标准制定的指引。②在地区达标规划中，提出环境空气质量管理目标和对空气固定源的管理目标，BAT 系列排放标准必须满足达标规划的规定。③BAT 系列排放标准是基于技术的排放标准，与所在地区环境空气质量相关。位于未达标区的空气固定源，需要达到市场已有的最严格的控制技术水平，并且增加的排放量必须来源于现有源的削减量；位于已达标区的固定源，至少要达到该地区上一个新进入的固定源所能够达到的排放水平。对于现有源和新源也要进行区分。④新源准入标准是 BAT 系列排放标准的核心部分，BAT 系列排放标准也包括排污许可证申请阶段的固定源特定产排污单元的排放管理要求。

5.9.2 固定源排放标准法规的关键内容建议

国家生态环境主管部门作为排放标准制修订管理的责任部门，针对排放标准制修订、评估、实施等环节，需要制定一系列包括部门规章、规范性文件等在内的排放标准法规体系。排放标准法规体系分为两部分，一是国家行业排放标准本身，在现有的排放标准内容基础上进行调整；二是排放标准的制修订和实施的管理规定，包括排放标准制修订管理的职责安排、制修订管理程序的规定、排放标准的评估规定、对制修订所需信息获取和信息公开的规定、资金管理规定、公众参与决策的规定、确定 BAT 系列排放标准的规定，这些共同组成了固定源排放标准法规体系，落实法律针对固定源排放标准的规定。

5.9.2.1 排放标准的主要内容

将排放标准按照部门规章的标准，对现有项目的进行改进设计。主要针对的问题包括：①适用范围粗糙，划分不具体，适用于现有源的管理和新源准入的规定与标准定位不符；②术语和定义部分粗糙，部分关键术语缺少定义；③排放限值形式单一，细分程度不够；④监测、记录报告的规定与判定达标的需求存在偏差。针对上述主要存在的问题，提出的国家行业排放标准文本内容改进设计建议如表 5-28 所示。

表 5-28 国家行业排放标准文本内容改进设计建议

现有项目	现有排放标准中的表述	设计修改建议
适用范围	企业及生产设施；用于污染管理、环评、设计、验收管理	调整为"适用单元"，具体到某个单元，新（改、扩）建的完成期限；去除污染管理、环评、设计、验收管理之类的说法
规范性引用文件	监测方法；连续监测规范	分为一般规定与污染物控制要求部分和限值要求对应的特定规定
术语和定义	行业；受控设备	针对具体的装置、结构、运行日期等进行完整定义
污染物排放控制要求	生产设备污染物排放浓度限值；含氧量换算；无组织排放；废气收集与运行规定等	增加绩效限值、设备操作等多种限值形式；增加按照产排污单元"年龄"等细分

现有项目	现有排放标准中的表述	设计修改建议
污染物监测要求	监测点设置；连续监测；监测方法；对污染物的排放和周边环境质量监测	明确每个限值对应的特定的运行监测、排放监测、限值考核换算、监测精度等要求；删除对周边环境质量的监测
		增加记录保存和报告要求
		增加测试方法和程序，包括质量控制和质量保证的要求，用于确保测得的数据能够用于判定合规性
—	—	增加合规确定的程序和方法
实施与监督	负责实施部门；企业守法和配合监测责任	—

5.9.2.2 排放标准制修订与评估管理法规体系及主要内容

对于排放标准法规体系的建议如表 5-29 所示。

表 5-29 排放标准法规体系

阶段	制定者	管理对象	内容要点	建议法规层级
制修订	生态环境部	生态环境部	①规定排放标准制修订的主要责任部门是生态环境部内归口业务司，大气环境司内设置专门处室，配置各主要行业的专职负责人员；②排放标准的制修订遵守规章制修订管理规定；③所有行业固定源制修订遵守一致的制修订程序	部门规章
评估	生态环境部	生态环境部	①国家行业排放标准实施后定期评估；②评估对象主要为排污许可证管理的行业内固定源，特别是针对上次排放标准修订后新准入的固定源；③评估结果作为启动修订计划的主要依据	部门规章
制修订、评估	生态环境部	编制组	①公开范围包括所有非涉密技术支持文件、编制说明、征求意见稿、调研记录、征求意见及回复记录、审核会记录、咨询会记录、听证会记录等；②支撑文件、编制说明、征求意见稿、征求意见回复及记录以电子版本在制定网站公开；其他记录可以以电子版本形式公开或者制定机构放置公开提供查阅	规范性文件

阶段	制定者	管理对象	内容要点	建议法规层级
制修订、评估	生态环境部	生态环境部	①公众参与对象划分方式； ②公众参与引导与培养规范； ③公众参与经费规定	规范性文件
	生态环境部	编制组	①生产工艺及产排污单元分析； ②受控单元污染物排放分析； ③污染控制技术分析； ④控制成本分析	规范性文件
	生态环境部	编制组	①成本—效益分析原则； ②成本—效益分析的基准； ③成本核算程序和方法； ④效益分析程序和方法	规范性文件
	生态环境部	地方政府	①与达标规划相衔接的逐源准入机制； ②BAT 系列标准的技术、经济信息纳入全国共享信息系统管理	部门规章

5.10 小结

固定源大气污染物排放标准体系设计，重点考虑不完美信息和政治影响，设计原则包括：①贯彻环境法的"预防原则"，以安全目标为首，兼顾经济效率目标；②要立足于国家制度和环境政策的发展，组合使用三种类型的排放标准，建立排放标准体系；③排放标准体系要起到激励技术创新效应。我国的排污许可制改革和标准化改革，建立了排放标准体系改进设计的制度基础，全国统一的排污许可证信息平台，相对于美国和欧盟建立了更好的信息机制基础。

基于理论框架、国外启示和已有基础，对我国排放标准体系进行设计：①强制性国家排放标准基于现有的成熟技术制定，作为底线排放标准，不与大气环境质量直接挂钩；②推荐性国家排放标准基于先进技术制定，重点服务于大气环境质量改善。在排污许可制度框架内，将基于先进技术的推荐性国家排放标准的定位固定，建立成体系的技术规范，建立排放标准限值与固定源所在区域空气质量相关联的规则，对不同空气质量区域和不同类别的固定源采取有差异的精细化管理；③增设自愿性团体排放标准和企业排放标准，作为固定源环境保护技术进步的最主要的政策手段。三类排放标准组成的体系中，团体排放标准和企业排放标准自由度最高，技术进步激励性最强，是拉动技术进步的最大动力；推荐性国家排放标准相对灵活，有利于激励企业持续技术进步；大量企业技术升级后，强制性国家排放标准底线限值加严，拉动企业整体技术进步。

排污许可制作为固定源管理的核心基础制度，实现了对单个固定源的微观管理，具备了"协商式"环境行政管理实施的基本条件。引入"协商式"管理政策概念，在法律法规授权范围内，确定更严格的排放限值、重污染天气日许可量、更灵活的监测和记录规定等许可条款。结果显示：①在激励作用下，企业承诺实施企业排放标准，执行更严格的排放限值；②针对重污染天气应急管理，实施排放量"日管理"，能够做到可监测、可记录、可核查，成本有效。行政管理部门和企业之间进行协商，达成"协商式"许可条款，作为"微调"补充，在排污许可证中执行，可有效提高污染控制和排放管理的成本有效性，实施效果和经济效率能够更好地平衡。

为使固定源大气污染物排放标准体系优化工作更加高效、顺畅，必须深入思考法律与技术的互动关系，以及规范性文件的调整范围、效力级别、体系协调性等更为本质的问题。第一，对排放标准的制定机关、制定程序以及包含达标判定在内的标准实施和监督规定进行整合与优化，防止预防原则被架空或滥用。第二，在法律的稳定性与科技的变动性之间找到平衡，解决科技发展带来的社会管理不确定性。第三，在现有的环保法律中增加相关条款或增设专门的排放标准法律，包含不确定法律概念的排放标准制定原则，为排放标准与技术发展的关系提供框架性指引；包含从立项、评审到数据收集、分析在内的标准制定程序，以保证标准制定的透明性；包含与行政法、程序法、刑法相配套的执行和监督措施，以保证标准的实施力度；以法律附件的形式使排放限值等技术性条款与法律条文正文具备同等效力。第四，明确对自愿性排放标准的支持政策，大量增加排放标准的市场主体供给，作为推动固定源环境保护技术进步的主要动力。

第6章 排放标准体系在排污许可制度中的实施机制

6.1 排污许可制度中排放标准体系的实施机制

根据《中华人民共和国行政许可法》和《中华人民共和国环境保护法》的立法精神，以固定源排放标准体系的主要内容为依据，对排污许可这一行政许可进行受理、审查、监督，使《中华人民共和国环境保护法》中规定的"生产经营者防治环境污染和危害"的义务和《中华人民共和国行政许可法》规定的批准"直接涉及生态环境保护"和"直接关系人体健康"等"特定事项"的"法定条件"得以具体化，对固定源排放管理的可预期性和精细化程度大大提升。同时，通过依证监管获取的关键排放数据和反映实际技术管理水平的信息，又能够为固定源排放标准的完善提供数据基础。当前，属于固定源排放标准体系主要内容的污染物排放因子、排放浓度、排放量、污染防治设施运维要求、污染物监测要求等，已被明确为许可事项。按照我国"统一监督管理与分级"的生态环境行政管理体制[151]，在以排污许可制度为核心的固定源管理中，设计后的排放标准体系运行机制如图 6-1 所示。

国家行政主管部门在制度层面统筹设计和实施管理，根据每类排放标准的作用和定位，系统地制定国家大气污染物排放标准制定导则、推荐性 BAT 排放标准制定导则、团体/企业排放标准制定导则，规范三类排放标准的制修订工作，保障各类排放标准制修订的规范和一致。排放标准制修订的数据主要来源均为全国排污许可证管理信息平台，由国家行政主管部门统一管理，结合排污许可证工作职责划分，授予地方政府主管部门、企业等不同主体的不同使用权限，既能保证数据应用的有效性，也能保证数据使用的安全性，还能限制地方的自由裁量权。按照我国当前的排污许可证管理模式，三类排放标准均通过排污许可证实施和监督，各类排放标准中的排放限值、污染防治设施运行要求、监测和记录要求等通过行政许可程序进入排污许可证中成为许可事项。企业申请排污许可证和地方政府许可证管理部门审核排污许可证均通过排污许可证平台开展，排污许可证信息平台为管理目标有差异、更精准、更复杂的排放标准体系的有效实施，提供了技术保障。

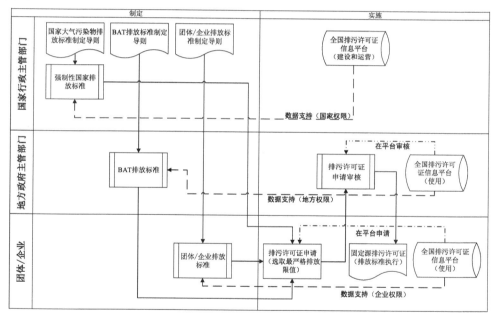

图 6-1　排放标准体系在排污许可制度中的运行机制

6.2　排污许可证中固定源污染物排放标准实施案例分析

每个固定源的排污许可证中都包含了对固定源每个产排污单元的管理要求，核心要求是产排污单元的执行标准，包括污染物排放浓度限值、排放量限值、设施运行条件限制等要求，以及与之配套的监测、记录和报告要求等。通常，排污许可证中产排污单元执行的是同类标准中更严格的排放限值，BAT 排放标准等要求和重污染天气等特殊时段的日排放量要求、采暖期月排放量要求、无组织排放管理要求、小型排放单元的参数替代管理要求、运行和维护期间管理要求等组成的体系，进入排污许可证中，在排污许可证中执行。

以 A 水泥企业为例，企业在"全国排污许可证管理信息平台"提交申请报告，由生态环境主管部门核发排污许可证。排污许可证实施"一证式"管理，在排污许可证中包含了针对该固定源每个产污和治污单元以及污染排放口所需要遵守的全部规制要求，其中最核心部分是执行的排放标准限值、排放许可量，还包括证明企业合规所需要执行的自行监测、台账记录、执行报告等环境管理规定。在排污许可证中，针对矿山开采、水泥制造、散装水泥中转站及水泥制品 3 个生产环节有组织排放单元，执行的排放标准和管理规定如表 6-1 所示。

表 6-1　案例水泥厂排污许可证中执行的排放限值及管理规定*

产排污单元及排放口	执行的排放限值及限制性管理要求		监测、记录要求	考核周期
水泥窑及窑尾预热利用系统（水泥窑尾，DA001，DA078）	颗粒物	排放浓度不得超过 20 mg/m³（排放标准）	CEMS（烟气连续自动监控系统）连续监测，系统电子台账记录	1 h
	二氧化硫	排放浓度不得超过 100 mg/m³（排放标准）		
	氮氧化物	排放浓度不得超过 320 mg/m³（排放标准）		
		企业承诺执行更加严格的限值 150 mg/m³（协商限值）		
	氟化物	排放浓度不得超过 3 mg/m³（排放标准）	手工监测；1 次/季度，纸质记录	—
	汞及其化合物	排放浓度不得超过 0.05 mg/m³（排放标准）	手工监测；1 次/季度，纸质记录	—
	氨	排放浓度不得超过 8 mg/m³（排放标准）	手工监测；1 次/季度，纸质记录	—

产排污单元及排放口		执行的排放限值及限制性管理要求	监测、记录要求	考核周期
水泥窑及窑尾预热利用系统（水泥窑头，DA002，DA079）	颗粒物	排放浓度不得超过 20 mg/m³（排放标准）	CEMS 连续监测，系统电子台账记录	1 h
煤磨（DA003，DA080）	颗粒物	排放浓度不得超过 20 mg/m³（排放标准）	压力监测器连续监测压力损失，系统电子台账记录	—
			手工监测；1 次/两年，纸质记录	—
矿山开采、水泥制造、散装水泥中转站及水泥制品生产环节（DA004~DA077；DA081~DA154）	颗粒物	排放浓度不得超过 10 mg/m³（排放标准）	手工监测 1 次/两年，纸质记录	1 a
			每日/每周例行人工巡检并记录	每日/每周
矿山开采、水泥制造、散装水泥中转站及水泥制品生产环节全部有组织排放口（DA001~DA154）	颗粒物	年排放量不得超过 344.69 t（技术规范要求）	主要排放口 CEMS 连续监测，系统电子台账记录	1 a
			一般排放口手工监测数据，纸质记录；运行时间监测，系统电子台账记录	
	二氧化硫	年排放量不得超过 142 t（技术规范要求）	CEMS 连续监测，系统电子台账记录	
	氮氧化物	年排放量不得超过 2 200 t（技术规范要求）	CEMS 连续监测，系统电子台账记录	
重污染天气应对期间水泥窑及窑尾预热利用系统（DA001，DA078）	颗粒物	日排放量预警期间不超过 162 kg/d（1 号线错峰停产，2 号线协商日许可量）	CEMS 连续监测，系统电子台账记录	1 d
	二氧化硫	日排放量预警期间不超过 84 kg/d（1 号线错峰停产，2 号线协商日许可量）		
	氮氧化物	日排放量黄色、橙色、红色预警分别不超过 2 366 kg/d、1 809 kg/d、1 670 kg/d（1 号线错峰停产，2 号线协商日许可量）	CEMS 连续监测，系统电子台账记录	
			自动监控并记录氨水使用量	

注：* 本表只列出有组织排放部分。

水泥企业主要产排污单元为水泥窑及窑尾预热利用系统，其余产排污单元包括小型收尘器出口颗粒物排放和无组织颗粒物排放。该企业执行的排放标准为《水泥工业大气污染物排放标准》（GB 4915—2013），《国家标准管理办法》规定"环境保护的污染物排放国家标准和环境质量国家标准"属于强制性国家标准，受规制固定源必须执行。水泥国家行业排放标准作为"水泥工业大气污染物排放控制的基本要求"，是针对全国所有水泥企业产排污单元的"统一"规制，受控单元必须执行排放标准规定的排放限值要求、监测要求、无组织排放要求。该企业承诺水泥窑尾氮氧化物执行更严格的限值，为企业在满足强制性标准要求的基础上，与政府"协商"达成的排放限值和限制性管理要求。《排污许可管理办法（试行）》规定"排污单位承诺执行更加严格的排放浓度"和"重污染天气应对措施要求排污单位执行更加严格的重点污染物排放总量控制指标"，应当在排污许可证副本中规定，为"协商"排放限值和日许可量在排污许可证中执行，提供了合法性支撑。

管理办法和水泥工业排污许可证申请与核发技术规范对环境管理台账做出了相关规定，但是，笔者调查发现管理办法的和技术规范的规定在面临企业的实际问题时仍有待细化。在合规依据方面，企业可以通过增加规定之外的煤磨压力监测器压力损失的连续监测、小型收尘器的人工巡检及运行时间记录、重污染应急期间氨水使用记录，作为台账记录的补充要求，载入排污许可证。这些"协商"产生的合规管理方案，作为企业自证守法的依据，可以作为技术规范在应对企业管理实际时实效性、准确性方面存在的不足。

6.3 排污许可制度排放标准实施的监测管理机制

6.3.1 排污许可制度下的监测管理过程

监测管理围绕排污许可证管理过程，是落实以排污许可证为载体的，固定源须遵守的各项法律法规要求的手段之一。从固定源监测行为的实施主体进行区分，守法监测的主体是固定源，通过信息的测量、收集、记录、处理、分析，证明自己的排放行为符合法律法规的要求；执法监测（检查）的主体是生态环境主管部门，通过对污染源的守法信息进行收集和分析，确认守法状况、为执法行动提供证据、查明和纠正违法行为[152]。

首先，为了使监测法规更具可操作性和规范性，与排污许可证管理"许可证申请—受理与核发—证后监管执法"三个阶段的管理相契合，对监测管理流程进行了系统设计，监测管理流程主要包含"固定源制定并提交自行监测方案—核发部门审核—方案纳入排污许可证中成为规定—依规定自行监测—监测记录—执行报告提交—执行报告审核—执法监测和执法检查"全过程管理，如图 6-2 所示。

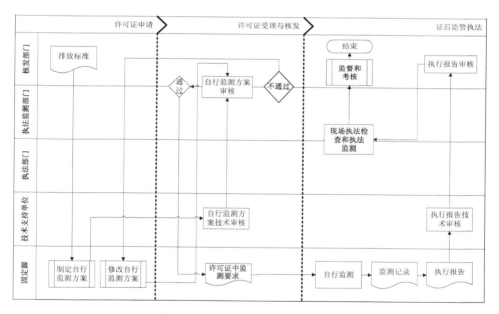

图 6-2　基于排污许可证管理的固定源监测管理流程

其次，固定源制定自行监测方案，核发部门审核后将其纳入排污许可证中成为管理要求，是许可证申请与核发环节的重要部分。在目前的自行监测管理规范中，纳入的监测指标主要是国家排放标准中规定的指标。在排污许可证管理逐步深化后，将包含更多的指标，排放限值的形式更加多样。监测的目的是判定合规性，采用不同的监测指标，一方面与排放限值形式有关，另一方面与监测技术和监测成本相关。许可证的管理对象以大型固定源为主，污染物指标多由 CEMS 监测，少部分指标采用手工监测、替代性指标监测等方式。此外，对于限制性规定形式，适宜通过视察或采用手持设备拍摄等方式进行检查和记录。

6.3.2 主要排放口的连续监测管理

对于 CEMS 的管理，一是在初始安装阶段要按照技术规范的要求安装，进行验收，通过认证测试后使用；二是使用质量保证和质量控制程序，保证监测数据的准确性；三是固定源要承担数据审核责任，使用缺失数据补充程序对缺失数据进行补充。对于手工监测指标，固定源需按照排放标准等的要求制定监测方案。对于替代性监测因子，要基于"协商式"管理的原则制定自行监测方案，包括选取代表性和可监测的指标、设置指标范围、设置绩效标准、确定监测频次、确定考核周期等步骤。最后，固定源要按照许可证中的规定，对监测信息进行记录，定期提交执行报告。记录的作用是使监测过程和监测结果信息可核查，为监管部门判断固定源是否守法提供依据。记录的信息通常包括原始监测数据、质量保证测试信息、设施维护信息、设施开停机信息、异常运行信息等。固定源对原始监测数据按照规范处理，并向监管部门提交执行报告。监管者制订监管执法计划，通过核查企业提供的执行报告，判断其是否守法排放。

6.3.3 对于非主要排放口的"协商式"监测管理

以水泥企业小收尘器为例，水泥企业颗粒物小收尘器非主要排放口数量多，单个排放口的排放量占比较小，但加总排放量占一定比例，需要进行排放管理。案例企业有 150 个小排放口，根据该企业 2018 年度执行报告数据，计算得出小排放口颗粒物排放量占总排放量的 21.68%。排污许可证中针对小排放口颗粒物的要求包括两个方面，一是做到达到浓度限值，二是满足颗粒物的总量控制要求。小收尘器要连续稳定达标和符合总量控制要求，并通过相应的监测方式证明合规。如果采用和主收尘器同样的在线监测方案，在技术方面，小收尘器并非长时间连续运行，而是根据生产的需求间断性开启和停机，不适宜采用末端在线连续监测；在成本效率方面，仅为获取更精确的 150 套在线监测设施安装和运行成本过高，而效用仅为证明其连续达标和获得更精确的排放量数据证明总量达标，成本有效性差。因此，针对小排放口颗粒物的合规管理，可以采取精度能够满足管理需要，同时又成本有效的方案，形成"协商"方案并在排污许可证中规定执行。

针对小收尘器的连续达标排放管理，采用替代的灵活和低成本的方案，并具备了可监测、可核查、可记录的要素，即可认为是一种可行的合规管理方法。据调查，企业针对不同的小收尘器类型采取了不同的方案：一是针对其中相对较大的煤磨收尘器，通过压力监测装置连续监测压力损失并将数据传输至中控系统，获取能够表征设施按设计参数运行的连续数据，同时在出口定期手工监测，以此证明设施连续达标运行；二是针对其他位置更小型的收尘器，采取定期人工巡检的方案，定期检视设备运行状况并进行记录，同时在出口定期手工监测，保证设备按照设计参数达标运行。针对小收尘器的排放量管理，由于所有小收尘器的颗粒物排放加总后占比可观，属于排污许可证要求进行排放量管理的范围。企业申领排污许可证后，采用定期手工监测和人工记录每个收尘器的运行时间的方式获得排放量。调查发现此方案主要增加的成本为人工记录成本，经测算每班每个工序增加一名人员专门负责统计，共需要 12 人，总成本为每年 9.6 万元。与之对比，开发一套自动计时装置，成本为 6.5 万元，可以更精确监测所有小收尘器的运行时长，是一种效果更优且更具成本有效性的合规监测方法。

通过使用一种灵活和可替代的监测方式，由管理部门与企业达成"微观协议"，通过替代性指标证明小收尘器的合规。针对案例水泥企业小收尘器的替代监测方法如表 6-2 所示。

表 6-2　案例水泥厂小型收尘器的替代参数监测方案设计

		指标 1	指标 2*	指标 3
1．监测指标与监测方法	监测指标	袋式除尘器压力差	人工巡检	收尘器运行时间
	监测方法	压力传感器监测	检视电机、风机、磨损、漏风、袋损等是否在设计范围	开启/停机运行（应答）信号
2．监测指标范围		压力损失不能低于 1 000 Pa	电机/风机温度≤60℃，风机油标 2/3 处，其他指标正常/非正常	设备运行信号开启状态
3．绩效标准	数据代表性	安装有压力传感器，压力传感器的监测偏差符合设计指标	符合设计手册范围	1 min 循环计时，每次偏差不超过 1 min
	质量保证	每年比对监测 1 次	巡检工作考核	—
	监测频率	连续监测	每日/每周巡检	1 min 循环计时
	数据采集程序	中控系统自动收集并计算平均值，系统自动记录	人工巡检记录表格	1 min 循环计时，信号每完成 1 次，分钟数自动加 1 并记录在中控系统
	平均周期	1 h	每日/每周	1 min

注：*收尘设备人工巡检记录 20 余项指标，均按照设备设计手册标准进行考核，未全部列举。

6.4　排污许可合规管理机制设计

6.4.1　排污许可合规核查机制与核查内容

排放标准在排污许可证中能够得到有效执行，需要有排污许可的合规管理机制作为保障。对于排污单位的证后合规监管应该从两个层面展开：一是对企业执行报告、台账记录等资料的完整性、规范性、逻辑性进行核查，旨在发现问题线索，支持现场检查和现场执法；二是在现场检查、监测、执法的过程中，开展深度核查。但从行政监管的成本与监管效率考虑，对于当前我国排污许可制度的实施进展情况而言，应该更多地从第一个层面展开相关工作。对于固定源书面材料的核查，首先应该是对执行排污许可证要求的完整性进行审查；其次是对执行情况的规范性进行核查，根据台账记录要求核查企业在执行报告中所提交的污染物排放量信息、超标排放信息及污染控制设施是否存在异常情况等内容是否规范；最后对监测台账和生产台账等数据之间的逻辑性进行核查。三个阶段合规核查工作开展所需要的人力、专业水平的要求都逐级增加，如表 6-3 所示。

表 6-3　火电行业三个阶段合规核查内容

第一阶段	第二阶段	第三阶段
执行报告提交次数是否合规； 执行报告中污染物排放量、超标时段小时均值报表、污染治理设施异常情况汇总表是否填报； 年报中排污单位基本生产信息表、自行监测执行情况报表、污染防治设施运行情况表是否填报； 自行监测次数是否合规； 是否有原辅料及燃料使用台账； 是否有燃料成分分析记录台账； 是否有生产设施运行记录台账； 是否有生产设施产品及副产物记录台账； 是否有污染防治设施运行记录台账； 是否有污染治理设施副产物产生及转运记录台账； 是否有生产设施及污染控制设施启停及异常情况记录台账； 是否有在线监测超标原因分析记录台账； 是否有手工监测整理记录台账； 是否有脱硫和脱硝 DCS 曲线截图台账	执行报告中计算排放量的在线监测数据季度有效数据捕集率是否合规； 固定源烟气排放连续监测系统数据是否按照规范要求进行审核和处理； 审核处理是否有报告等材料支撑； 执行报告中采用手工监测法和产排污系数法计算排放量的过程是否合规； 执行报告中超标小时段与支撑材料中的超标小时段是否都可以完全对应； 超标原因是否符合所在行业基本规律； 污染治理设施异常运转信息原因是否符合所在行业基本规律； 生产设施和污染治理设施异常运转或停信息是否能与 CMES 数据以及 DCS 曲线对应； 自行监测执行情况是否合规； 燃料成分分析中的硫含量是否存在明显偏低或偏高的情况； 主要产污设施（锅炉）实际年运行小时数是否在设计值范围内、实际年生产的产品产能是否在设计值范围内	原辅料及燃料的原始购票清单与实际使用和结余周转量相对应情况； 火电机组发电标准煤耗偏高或偏低情况； 脱硝设施脱硝剂的使用量与烟气的脱硝效率相对应情况； 布袋除尘设施的布袋更换记录规律； 电除尘设施的电场电压和电流运行记录情况； 除尘设施产灰量规律； 脱硫设施脱硫剂的使用量与原辅料、燃料中的硫含量的对应关系； 脱硫设施脱硫剂的使用量与烟气的脱硫效率的对应关系； 脱硫设施脱硫产物与原料中的硫含量的对应关系

第一阶段：排污许可证执行情况及执行报告的完整性核查。核查排污许可证中规定的企业要进行监测、记录台账、定期提交执行报告、信息公开等工作。

第二阶段：排污许可证执行情况及执行报告内容的规范性核查。对企业执行报告中的排放量计算过程及相关支撑材料内容的规范性进行核查，发现企业按证管理过程中不规范的行为。

第三阶段：排污许可证执行情况及数据逻辑性核查。收集企业按证管理进行监测、记录、报告的所有资料，对信息的逻辑性进行分析，综合分析企业污染源的合规情况，为现场检查提供线索。

6.4.2　火电企业排污许可合规核查案例分析

火电行业是我国首批完成排污许可证发放的行业，其污染物排放量相对较大，环境管理水平较高。以火电企业为案例，研究排污许可证后管理的三级核查机制。对于排污许可制度的实施，核发排污许可证只是前端环节，更重要的是政府部门需要依据排污许可证中对排污企业的要求，对排污企业产污、控污、排污等生产过程以及监测、记录、报告等环节的执行情况进行监督和核查。当前，国内学者多从加强环境执法力量、执法手段和执法能力建设等方面开展研究。对于排污企业及固定源的合规管理手段和方式，实践中偏向于直接查看在线监测是否达标；对于没有连续在线监测设备的固定源，缺乏经济有效的合规管理方式。当前，生态环境监管部门在首次发证后，缺少有效的监管手段，研究排污许可证后合规核查的机制和方法，能够更好地服务于环境监管部门。

本部分将以陕西省某煤粉炉电厂（以下简称 BC 电厂）为例对所设计的三阶段核查模式进行验证。通过对 BC 电厂所申领排污许可证载明要求和厂内 1#、2# 机组的用煤情况、发电情况及后端的污染治理设施运行数据进行分析其可能存在的违规线索。BC 电厂于 2017 年 5 月在国家排污许可平台上完成了排污许可证的申领，2018 年 8 月对该企业进行了三个阶段的合规核查。

完整性核查发现的问题：

（1）未按时提交执行报告。该企业到被核查之日前应提交 2017 年第三季度执行报告、2017 年年度执行报告和 2018 年第一季度、第二季度执行报告。该企业到被核查之日只提交了 2018 年第一季度执行报告。

（2）未按照要求进行监测。该企业在 2018 年第一季度进行了机组冷却水（DW002）pH、COD$_{Cr}$、总磷的手工监测和脱硫废水（DW001）pH、总汞、总镉、总铅、总砷、厂界无组织排放颗粒物、氨及非甲烷总烃的监测，脱硫废水的监测频次未满足排污许可证中每月 1 次的要求。

规范性核查发现的问题：

（1）执行报告中排放量计算不正确。通过对被核查企业 2018 年第一季度的安装有连续在线监测设备的烟囱排放口污染物排放数据筛查发现，被核查企业连续在线监测数据有启停、缺失和异常值，但是被核查企业未对其连续在线监测数据进行修约处理。同时，根据相关规范要求，连续在线监测数据烟囱污染物排放量计算公式为小时浓度值乘以对应小时烟气量所累加的排放量，而企业在线系统所显示的污染物排放量与执行报告中所载明的污染物排放量均存在出入，核查计算排放量与执行报告排放量见表 6-4。

表 6-4　核查计算排放量与执行报告排放量

	Σ（小时浓度×小时烟气量）/t			在线系统污染物显示排放量/t			执行报告中载明排放量/t		
	颗粒物	二氧化硫	氮氧化物	颗粒物	二氧化硫	氮氧化物	颗粒物	二氧化硫	氮氧化物
1#烟囱排放口									
1 月	1.55	12.46	24.90	1.55	12.46	24.90	1.54	12.39	24.86
2 月	1.70	11.98	26.43	1.70	11.98	26.43	1.68	11.85	26.29
3 月	1.25	10.35	30.74	1.45	10.85	31.21	1.37	11.14	33.18
总计	4.50	34.80	82.07	4.70	35.30	82.55	4.59	35.38	84.33
2#烟囱排放口									
1 月	3.18	8.36	17.13	3.18	8.36	17.13	3.19	8.31	17.09
2 月	1.44	3.66	9.20	1.44	3.66	9.20	1.20	3.41	9.07
3 月	1.18	5.28	14.40	1.18	5.28	14.40	1.14	5.22	15.03
总计	5.79	17.30	40.73	5.79	17.30	40.73	5.53	16.94	41.19

（2）超标信息未按照实际情况填写。在 2018 年第一季度提交的执行报告中，有组织废气污染物超标时段的小时均值报表为空。但通过核查企业提供的在线监测记录台账，发现存在污染物和小时值的超标情况。对于锅炉设施，正常工况的氧含量应该为 6%～8%，但在污染物超标时段氧含量异常，并未能在所提供的资料中找到相关异常报告。

（3）入炉煤煤质检测数据异常。被核查企业 2018 年第一季度 1 月、2 月、3 月入炉煤平均硫含量分别为 1.15%、0.93%、0.86%。1 月的入炉煤硫含量显著高于 2017 年入炉煤硫含量 0.87%的平均水平，其中 1 月 19 日入炉煤平均硫含量为 2.11%，但烟囱排放口污染物浓度未有明显波动，被核查单位也未进行特殊说明，可在第三阶段的核查过程中核查 2018 年 1 月石灰石粉用量和石膏产量是否高于平均水平。

数据核查发现的问题：

发电标准煤耗是判断锅炉效率及性能好坏的重要依据，企业每天进行发电量、供热量、燃煤消耗量、煤质收到基低位发热量等信息的记录[8]。根据这些信息可以更进一步地判断锅炉的运行情况，如图 6-3 所示，1#机组 2017 年 4 月发电标准煤耗远低于厂内和国内平均发电标准煤耗，2017 年 5 月发电标准煤耗远高于厂内和国内平均发电标准煤耗；2#机组 2018 年 5 月发电标准煤耗远高于厂内和国内平均发电标准煤耗。

通过进一步计算发现，1#、2#机组在 2018 年 1 月 27 日—2 月 13 日以及 2018 年 3 月 12 日—3 月 21 日，两台机组发电标准煤耗基本相同，如图 6-4 所示。而发电企业每台锅炉都是独立运行，很少出现指标数据基本相同的情况，而被核查企业却长时间出现该情况，需要进一步核查。

脱硝设施核查：

通过核查 1#、2#机组的脱硝数据，发现脱硝效率达到平均 90%的去除效率，与 SCR（选择性催化还原脱硝技术）工艺相符合。如图 6-5 所示，2#脱硝剂液氨的使用与 NO_x 的去除量变化趋势基本吻合，数据反映脱硝设施运行基本正常。但 1#机组在 2017 年 11 月到 2018 年 5 月脱硝剂液氨的使用与氮氧化物的去除量变化趋势明显不同于 1#机组历史情况和 2#机组，而被核查企业在该时间段内未对 1#机组脱硫设施进行过改造和工艺调整。对于该情况，需要企业进行说明。

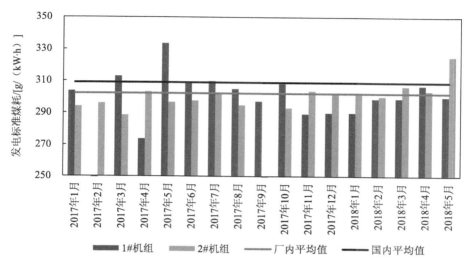

图 6-3　BC 发电有限责任公司 1#、2#机组发电标准煤耗

注：国内平均值供电标准煤耗 309 g/（kW·h）为国家能源局发布的 2108 年 1—7 月全国电力工业统计数据。具体参见：http://www.nea.gov.cn/2018-08/20/c_137404666.htm。对于规模越大的锅炉，该值应该越小；规模越小的锅炉，该值应该越大。

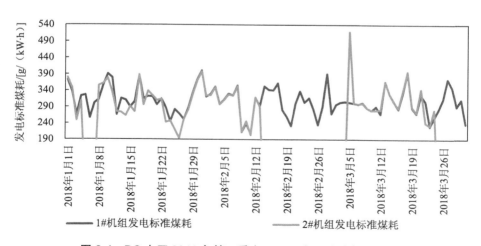

图 6-4　BC 电厂 2018 年第一季度 1#、2#机组发电标准煤耗

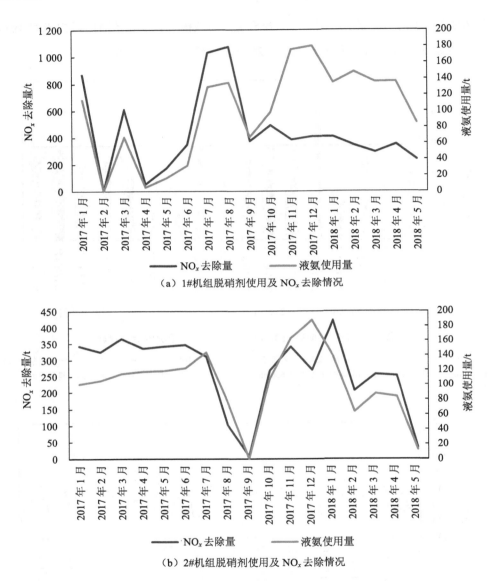

（a）1#机组脱硝剂使用及 NO$_x$ 去除情况

（b）2#机组脱硝剂使用及 NO$_x$ 去除情况

图 6-5　BC 电厂 1#、2#机组脱硝剂使用及 NO$_x$ 去除情况

除尘设施核查：

煤粉炉火力发电厂中企业的粉煤灰和锅炉渣都来源于煤中的灰分。通过物料

衡算法对被核查企业的理论灰渣产生量进行计算,并与实际灰渣产生量进行比较,发现二者未出现数量级的差别,如图 6-6 所示。但被核查企业 2017 年 1 月实际灰渣产生量计算结果为负值,需要其进一步说明。

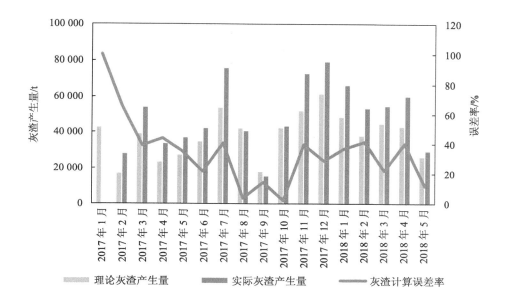

图 6-6　BC 电厂理论与实际灰渣差距分析

脱硫设施核查:

对脱硫设施进行合规核查,可通过物料衡算法从二氧化硫的产生量、脱硫剂的使用量和石膏的产生量等方面进行验证分析。从图 6-7 可知,1#机组理论二氧化硫的产生量和脱硫设施入口所测量到的二氧化硫量差值在 20%以内,受版面所限,本部分只展示 1#机组的相关核查结果。

对脱硫剂的使用量和脱硫产物石膏的产生量进行分析,理论计算的结果与实际数据基本上保持一致,差值在 20%左右,数据反映脱硫设施运行基本正常,如图 6-8、图 6-9 所示。

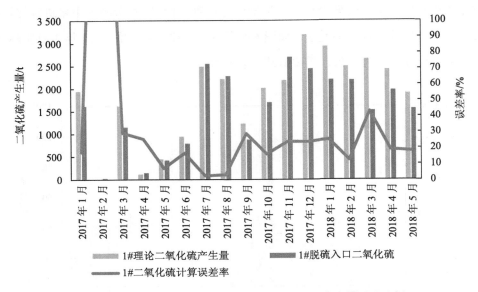

图 6-7　BC 电厂 1#机组理论与实际二氧化硫产生量对比分析

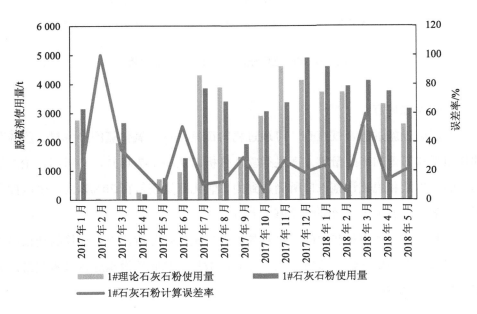

图 6-8　BC 电厂 1#机组理论与实际脱硫剂使用量对比分析

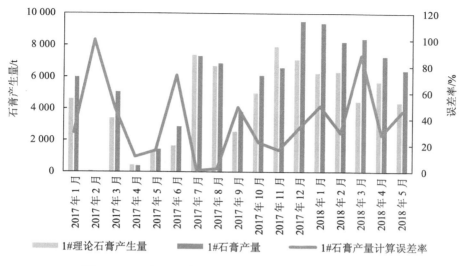

图 6-9　BC 电厂 1#机组理论与实际石膏产生量对比分析

6.5　小结

　　属于固定源排放标准主要内容的污染物排放因子、排放浓度、排放量、污染防治设施运维要求、污染物监测要求等，已被明确为许可事项。固定源排污许可证中的核心要求是产排污单元执行的排放标准，包括国家排放标准、企业排放标准，以及重污染天气等特殊时段的日排放量要求、采暖期月排放量要求、无组织排放管理要求，相应的监测、记录、报告管理。企业申请排污许可证和地方政府许可证管理部门审核排污许可证均通过排污许可证平台开展，排污许可证信息平台为管理目标有差异、更精准、更复杂的排放标准体系的有效实施，提供了技术保障。

　　与排放标准体系对应的监测要求及考核方式也更加多样化。对基于排污许可证管理的监测管理制度，系统设计"固定源制定并提交自行监测方案—核发部门审核—方案纳入排污许可证中成为规定—依规定自行监测和记录—固定源提交执行报告—监管部门审计式审核—执法监测和执法检查"的全过程管理机制，通过设计标准化的监管计划程序落实证后监管与执法监测，明晰监管部门的责任。为了保障排放标准体系在排污许可制度下能够顺利实施，对排污许可合规管理机制进行设计，从监管与执法的角度研究核查与执法方案。按照"三项制度"的任务要求，针对排污许可证规定事项多、核查与执法技术门槛和精细化水平高等特征，制订执法计划确定监管对象优先级，有计划地、系统地制定执法方案，规范执法行动，落实监管责任。

参考文献

[1] Zhang K，Wen Z，Peng L. Environmental policies in China：Evolvement，features and evaluation[J]. China Population，Resources and Environment，2007，17（2）：1-7.

[2] 莫纪宏，翟国强. 中国特色社会主义法治理论的新发展[N]. 人民日报，2018-03-05（7）.

[3] 李干杰. 持续推进排污许可制改革 提升环境监管效能[N]. 经济日报，2020-01-11（9）.

[4] 曹红艳. 生态环境部将实行排污许可"一证式"管理[EB/OL].（2015-12-05）[2020-12-06]. http://env.people.com.cn/n/2015/1205/c1010-27892712.html.

[5] 生态环境部规划财务司许可办. 中国排污许可制度改革：历史，现实和未来[J]. 中国环境监察，2018，9：63-67.

[6] 《国家固定源大气污染物排放标准制定原则与方法》标准编制组.《国家固定源大气污染物排放标准制定原则与方法（征求意见稿）》编制说明[R]. 北京：环境保护部，2017：1.

[7] 史丹. 深刻认识我国工业化发展阶段[N]. 人民日报，2019-09-05（8）.

[8] 邹兰，周扬胜，江梅，等.《大气污染防治法》修订中有关标准规则的探讨[J]. 中国人口·资源与环境，2015，183（S2）：333-337.

[9] 甘臧春，田世宏. 中华人民共和国标准化法释义[M]. 北京：中国法制出版社，2017：15.

[10] 埃里克·弗鲁博顿，鲁道夫·芮切特. 新制度经济学：一个交易费用分析范式[M]. 上海：三联书店，2006：7.

[11] Hayek F A. Law，legislation，and liberty[M]. Chicago：University of Chicago Press，1973：5.

[12] 姚洋. 制度与效率：与诺斯对话[M]. 成都：四川人民出版社，2002：78-116.

[13] Popper K R. The poverty of historicism[M]. 2nd ed. London：Routledge and Kegan Paul，1957：56.

[14] 汤姆·泰坦伯格. 环境经济学与政策（第三版）[M]. 上海：上海财经大学出版社，2003：25.

[15] 托马斯·思德纳. 环境与自然资源管理的政策工具[M]. 上海：上海三联书店，2005：119.

[16] 国家环境保护总局科技标准司. 环境标准实施指南：大气污染物排放标准分册[M]. 长春：吉林科学技术出版社，1999：1-5.

[17] 汪红梅，贺尊. 2007 年诺贝尔经济学奖得主学术贡献述评：信息与激励：看得见的机制设计[J]. 当代经济，2008（3）：4-6.

[18] 托马斯·思德纳. 环境与自然资源管理的政策工具[M]. 上海：上海三联书店，2005：20-51.

[19] 马中. 资源与环境经济学概论[M]. 北京：高等教育出版社，2006：229.

[20] 曼昆. 经济学原理—微观经济学分册[M]. 北京：北京大学出版社，2009：212-215.

[21] 宋国君，等. 环境政策分析[M]. 北京：化学工业出版社，2008：13.

[22] 王俊豪. 政府管制经济学导论[M]. 上海：商务印书馆，2001：1.

[23] North D C. Structure and performance：the task of economic history1978[J]. Journal of Economic Literature，1978，16（3）：963-978.

[24] Kalinowski W C，Simon H A. Models of man：social and rational[J]. American Catholic Sociological Review，1957，18（3）：236.

[25] Oliver E W. The Economic institutions of capitalism[M]. New York：Free Press，1985.

[26] Arrow K J. The organization of economic activity：issues pertinent to the choice of market versus non-market allocation，in the analysis and evaluation of public expenditure：the PBB-System US joint economic committee 91st congress[M]. Washington D C：Government Printing Office，1969：59-73.

[27] 埃班·古德斯坦，斯蒂芬·波拉斯基. 环境经济学（第 5 版）[M]. 郎金焕，译. 北京：中国人民大学出版社，2019：245-254.

[28] Farzin Y H. The effects of emissions standards on industry[J]. Journal of Regulatory Economics，2003，3（24）：315-327.

[29] G Williamson，H Hulpke. Das Vorsorgeprinzip[J]. Environmental Sciences Europe，2000，12（2）：91-96.

[30] 詹姆斯·E. 安德森. 公共政策制定（第 5 版）[M]. 谢明，译. 北京：中国人民大学出版社，2009：313.

[31] Goodstein E B. In defense of health-based standards[J]. Ecological Economics，1994，10（3）：189-195.

[32] Percival R V，Schroeder H C，Miller A S，et al. Environmental regulation law，science，and

policy[M]. 7th ed. New York：Wolters Kluwer Law & Business，2013.

[33] 张翔. 国家权力配置的功能适当原则：以德国法为中心[J]. 比较法研究，2018（3）：143-154.

[34] Stewart R B. A new generation of environmental regulation[J]. Capital University Law Review，2001，29（1）：21-182.

[35] Coleman J L. Efficiency，exchange，and auction：philosophic aspects of the economic approach to law[J]. California Law Review，1980，68：221-249.

[36] Ogus A I. Regulation legal form and economic theory[M]. UK：Hart Publishing，2004：154.

[37] Latin H. Ideal versus real regulatory efficiency：implementation of uniform standards and "fine-tuning" regulatory reforms[J]. Stanford Law Review，1985，37（5）：1267-1332.

[38] Kahn R B A E. Breyer's regulation and its reform[J]. The Bell Journal of Economics，1982，13（2）：589-591.

[39] Orr L. Incentive for innovation as the basis for effluent charge strategy[J]. American Economic Review，1976，66：441-447.

[40] Porter M E，Van der Lind C. Toward a new conception of the environment-competitiveness relationship[J]. Journal of Economic Perspective，1995，99（4）：97-118.

[41] Porter M E. America's Green Strategy[J]. Scientific American，1991，264（4）：193-246.

[42] 张平，张鹏鹏，蔡国庆. 不同类型环境规制对企业技术创新影响比较研究[J]. 中国人口·资源与环境，2016，26（4）：8-13.

[43] Higley C J，Lvque F. Environmental voluntary approaches：research insights for policy-makers[J]. Cava-concerted Action on Voluntary Approaches，2001，22（1）：71-78.

[44] 文松山. 再论技术法规与强制性标准[J]. 中国标准化，1996，（4）：7-9.

[45] 潘翻番，徐建华，薛澜. 自愿型环境规制：研究进展及未来展望[J]. 中国人口·资源与环境，2020，30（1）：74-82.

[46] Bayerisches Staatsministerium für Umwelt und Verbraucherschutz.TA Luft-Technische Anleitung zur Reinhaltung der Luft[EB/OL]. [2020-09-05]. https://www.umweltpakt.bayern.de/luft/recht/bund/41/ta-luft-technische-anleitung-zur-reinhaltung- luft.

[47] Franz T Litz. What to expect from EPA：Regulation of greenhouse gas emission under the Clean Air Act[J]. The Environmental Law Reporter，2010，40（5）.

[48] Williamson G.，Hulpke H. Das vorsorgeprinzip[J]. Environmental sciences Europe，2009，12（2）：91-96.

[49] European Commission. Questions and Answers on the Commission's Proposal for the Revision of Industrial Emissions Legislation in the EU[EB/OL]. Brussels：European Commission，（2007-12-21）[2020-09-05]. https://ec.europa.eu/commission/presscorner/detail/en/MEMO_07_623.

[50] VG Aachen. Urteil vom 11.10.2017-6 K 996/16[EB/OL].Aachen：Verwaltungsgericht，（2017-11-10）[2020-09-20]. https://openjur.de/u/2153555.html.

[51] Peter Börkey，François Lévêque. Voluntary approaches for environmental protection in the European Union-a survey[J]. European Environment，2000，10（1）：35-54.

[52] 张明顺，张铁寒，冯利利，等．自愿协议式环境管理[M]．北京：中国环境出版社，2013：66.

[53] Boyd J，Krupnick A，Mazurek J. Intel's XL permit：A framework for evaluation[R]. 1998.

[54] Robert V Percival，Christopher H Schroeder，Alan S Miller，et al. Environmental regulation Law，Science，and Policy[M]. 7th ed. New York：Wolters Kluwer Law & Business，2013.

[55] 卡兰，托马斯．环境经济学与环境管理[M]．北京：清华大学出版社，2006：71.

[56] Dale Pahl. EPA's Program for establishing standards of performance for new stationary sources of air pollution[J]. Journal of the Air Pollution Control Association，1983，33：468-482.

[57] IowaState Implementation Plan1-Hour SO_2 Nonattainment[Z]. Iowa Department of Natural ResourcesEnvironmental Services Division Air Quality Bureau，2016.

[58] 托马斯·思德纳．环境与自然资源管理的政策工具[M]．上海：上海三联书店，2005：119.

[59] Combined Heat and Power Partnership. Output-Based Regulations：A Handbook for Air Regulators [M]. USEPA，2014.

[60] Initial Brief of Respondent United States Environmental Protection Agency，Appalachian Power Co.，et al. v. Envtl. Protection Agency[Z]. USEPA，1999：98-151.

[61] Air Pollution：Improvements Needed in Detecting and Preventing Violations[R]. U.S. General Accounting Office，1990.

[62] William H Maxwell. Revised New Source Performance Standard（NSPS）Statistical Analysis for Mercury Emissions[Z]. Energy Strategies Group，Office of Air Quality Planning and

Standards，EPA，2006.

[63] Guidelines for Performing Regulatory Impact Analyses [Z]. USEPA，1983.

[64] U.S. Office of Management and Budget.Economic Analysis of Federal Regulations Under Executive Order 12866[EB/OL].（1996-01-11）[2020-12-06]. http://www.whitehouse.gov/ OMB/inforeg/riaguide.html.

[65] U.S. Office of Management and Budget. M-00-08 Guidelines to Standardize Measures of Costs and Benefits and the Format of Accounting Statements[EB/OL].（2000-03-22）[2020-12-06]. http://www.whitehouse. gov/OMB/memoranda/index.

[66] Guidelines for Preparing Economic Analyses[Z]. USEPA，2000.

[67] Chung S Liu. Best Available Control Technology Guidelines[Z]. Deputy Executive Officer Science and Technology Advancement，2006.

[68] United States，Government Accountability Office. EPA's execution of its fiscal year 2007 new budget authority for the enforcement and compliance assurance program in the regional offices[R]. Government Accountability Office Reports，2008.

[69] Tarantino A. Governance，risk，and compliance handbook: technology，finance，environmental，and international guidance and best practices[M]. New Jersey: John Wiley & Sons，2008.

[70] Decker C S，Pope C R. Adherence to environmental law: the strategic complementarities of compliance decisions[J]. The Quarterly Review of Economics and Finance，2005，45（4/5）: 641-661.

[71] USEPA. Clean Air Act Stationary Source Compliance Monitoring Strategy [EB/OL]. [2020-02-20]. https://www.epa.gov/compliance/clean-air-act-stationary-source-compliance-monitoring-strategy.

[72] USEPA. EPA's Audit Policy[EB/OL]. [2020-02-20]. https://www.epa.gov/compliance/epas-audit-policy.

[73] Niedersächsisches ministerium für umweltenergie，bauen und klimaschutz. Umsetzung der Richtlinie über Industrieemissionen[EB/OL]. [2020-02-20]. https://www.umwelt.niedersachsen. de/themen/technischer_umweltschutz/luftreinhaltung/anlagenbezogene_luftreinhaltung/industri eemissionen/industrieemissionen-121074.html.

[74] Van Asselt M B A，Everson M，Vos E. Trade，Health and the Environment: The European

Union put to the Test[R]. London：Routledge，2014：25-46.

[75] Pahl D. EPA's program for establishing standards of performance for new stationary sources of air pollution[J]. Journal of the Air Pollution Control Association，1983，33（5）：468-482.

[76] Gruenspecht H K，Stavins R N. New source review under the Clean Air Act：ripe for reform[J]. Resources，2002（147）：19-23.

[77] William F，Pedersen J. Can Site-specific pollution control plans furnish an alternative to the current regulatory system and a bridge to a new one[J]. Environmental Law Review，1995，25：10486-10490.

[78] 赵朝义，白殿一. 适应市场经济的标准化管理体制探讨[J]. 世界标准化与质量管理，2004（3）：22-24.

[79] 廖丽，程虹，刘芸. 美国标准化管理体制及对中国的借鉴[J]. 管理学报，2013（12）：1805-1809.

[80] 王平，侯俊军. 我国改革开放过程中的标准化体制转型研究：从政府治理到民间治理[J]. 标准科学，2017（5）：6-16.

[81] 刘三江，刘辉. 中国标准化体制改革思路及路径[J]. 中国软科学，2015（7）：1-12.

[82] 王平. 迪特·恩斯特对中国标准化战略的研究和启示[J]. 中国标准化，2013（11）：54-58.

[83] 何雅静，马兵，房金岑，等. 标准属性定位及层级设计创新研究[J]. 农产品质量与安全，2017（4）：56-60.

[84] 江梅，张国宁，张明慧，等. 国家大气污染物排放标准体系研究[J]. 环境科学，2012，33（12）：4417-4421.

[85] 周扬胜，张国宁. 大气污染物排放标准制定的法律原则和程序研究[J]. 中国环境管理，2015（4）：43-49.

[86] 王志轩. 精准定位、精细管理改革火电厂污染物排放标准[J]. 中国电力企业管理，2018（10）：52-56.

[87] 徐振，莫华，杨光俊，等. 火电厂大气污染物自动监测达标判定现状与国际经验借鉴[J]. 环境影响评价，2018，40（1）：38-41.

[88] 《中华人民共和国标准化法》修订座谈会在北京召开[J]. 中国标准导报，2015（8）：5.

[89] 学习宣贯新标准化法[J]. 中国金属通报，2017（11）：45-51.

[90] 刘春青，于婷婷. 论国外强制性标准与技术法规的关系[J]. 科技与法律，2010（5）：39-44.

[91] 曲邵力. 论技术法规、强制性标准及技术规则[J]. 中国标准化，1996（4）：10-12.

[92] ISO/IEC Guide 2：Standardization and related actives-General vocabulary[S]. 1996.

[93] 何鹰. 强制性标准的法律地位：司法裁判中的表达[J]. 政法论坛，2010（2）：179-185.

[94] 陈燕申，张惠锋. 我国与美国欧盟标准强制性法治比较及启示[J]. 工程建设标准化，2015（3）：71-75.

[95] 江梅，李晓倩，纪亮，等. 我国水泥工业大气污染物排放标准的修订历程与思考[J]. 环境科学，2014（12）：4759-4766.

[96] 任春，江梅，邹兰，等. 水泥工业大气污染物排放控制水平确立研究[J]. 环境科学，2014（9）：3632-3638.

[97] 杜广成. 基于典型工况的水泥脱硝过程控制研究[D]. 济南：济南大学，2019.

[98] 山东生态环境厅. 全省污染源自动监控小时均值超标督办情况月报[EB/OL]. [2020-03-27]. http://sthj.shandong.gov.cn/hdjl/bgt/gpdb_2606/202004/t20200407_3065322.html.

[99] 环境保护部解读新发布的大气污染物特别排放限值[J]. 中国质量与标准导报，2014（1）：36-37.

[100] 南六社员：特别排放限值的"前世今生"[EB/OL]. [2018-08-10]. https://www.h2o-china.com/news/279037.html.

[101] 张欣怡. 财政分权与环境污染的文献综述[J]. 经济社会体制比较，2013（6）：246-253.

[102] 生态环境部. 关于征求《水泥工业大气污染物排放标准》（征求意见稿）等4项国家环境保护标准意见的函[EB/OL]. [2012-11-06]. http://www.mee.gov.cn/gkml/hbb/bgth/201211/t20121108_241702.htm.

[103] 周扬胜，张国宁，潘涛，等. 环境保护标准原理方法及应用[M]. 北京：中国环境出版社，2014：99-109.

[104] 国家环境保护局科技标准司. 大气污染物综合排放标准详解[M]. 北京：中国环境出版社，1997：2-3.

[105] 论排放标准的作用定位与实施方式[EB/OL]. [2013-08-20]. http://kjs.mep.gov.cn/hjbhbz/bzgl/201308/t20130820_257705.shtml.

[106] 国家环境保护局科技标准司. 大气污染物综合排放标准详解[M]. 北京：中国环境出版社，1997：25-30.

[107] 沈保中，陈震，徐小明. 执行 SO_2 和 NO_x 新排放标准的压力及建议[J]. 电力与能源，2012，

33（1）：13-16.

[108] 朱法华，王圣，赵国华，等.《火电厂大气污染物排放标准》分析与解读[M]. 北京：中国电力出版社，2013：5-7.

[109] T Harrel Allen. New methods in social science research：policy sciences and futures research[M]. New York：Frederick A.Praeger，1978：95-106.

[110] 国家市场监督管理局.《强制性国家标准管理办法》解读[EB/OL]. [2020-12-23]. http://gkml.samr.gov.cn/nsjg/xwxcs/202001/t20200117_310567.html.

[111] 全国人大常委会法制工作委员会国家法室. 中华人民共和国立法法释义[M]. 北京：法律出版社，2015.

[112] 中国经济网. 全国已全面完成固定污染源排污许可全覆盖工作[EB/OL]. [2020-12-30]. http://www.ce.cn/cysc/stwm/gd/202012/30/t20201230_36173287.shtml.

[113] USEPA. RACT/BACT/LAER Clearinghouse（RBLC）Basic Information [EB/OL]. [2020-10-05]. https://www.epa.gov/catc/ractbactlaer-clearinghouse-rblc-basic-information.

[114] Srivastava RK，Vijay S，Torres E. Reduction of multi-pollutant emissions from industrial sectors：the U.S. cement industry-a case study[A]//Princiotta FT. global climate change-the technology challenge[M]. Springer，2011：241-272.

[115] ICF. Integrated Planning Model Overview[Z]. 2010.

[116] 竺效. 论中国环境法基本原则的立法发展与再发展[J]. 华东政法大学学报，2014，17（3）：4-16.

[117] 甘臧春，田世宏. 中华人民共和国标准化法释义[M]. 北京：中国法制出版社，2017.

[118] 王曦，章楚加. 新《大气污染防治法》与环境治理新格局[J]. 环境保护，2015，43（18）：38-41.

[119] 查尔斯·D·科尔斯塔德. 环境经济学[M]. 北京：中国人民大学出版社，2011：134-136.

[120] Peter C Yeager. The Limits of Law：The Public Regulation of Private Pollution[M]. Cambridge：Cambridge University Press，1991.

[121] 党的十八大以来加强生态文明建设述评[EB/OL]. [2016-02-15]. http://cpc.people.com.cn/pinglun/n/2012/1109/c241220-19534882.html.

[122] International Cooperation[EB/OL]. [2017-03-10]. https://www.epa.gov/international-cooperation.

[123] 詹姆斯·E. 安德森. 公共政策制定：第 5 版[M]. 谢明，等译. 北京：中国人民大学出版

社，2009：318.

[124] EPA Air Pollution Control Cost Manual Sixth Edition[Z]. 2002.

[125] 中华人民共和国国家发展和改革委员会. 火力发电工程建设预算编制与计算标准：使用指南[M]. 北京：中国电力出版社，2007.

[126] 生态环境部. 可行技术指南[EB/OL]. [2020-05-10]. http://kjs.mee.gov.cn/hjbhbz/bzwb/kxxjszn/.

[127] 王之晖，宋乾武，冯昊，等. 欧盟最佳可行技术（BAT）实施经验及其启示[J]. 环境工程技术学报，2013，3（3）：266-271.

[128] 郑淏，薛惠锋，李养养，等. 基于 K-means 聚类的沙尘天气快速识别技术研究[J]. 中国环境监测，2020：1-8.

[129] 翁佳烽，梁晓媛，谭浩波，等. 基于 K-means 聚类分析法的肇庆市干季 $PM_{2.5}$ 污染天气分型研究[J]. 环境科学学报，2020，40（2）：373-387.

[130] 南国卫，孙虎. 2016 年陕西省 O_3 浓度时空变化规律[J]. 干旱区资源与环境，2018，32（5）：183-190.

[131] 康博，刘强，赵强. 基于 2015—2018 年实时监测数据对关中平原城市群 $PM_{2.5}$ 时空变化规律的研究[J]. 地球与环境，2020，48（2）：161-170.

[132] Permit Streamlining Team. Best available control technology methodology report[R]. South Coast Air Quality Management District，1995.

[133] Metals and Minerals Group Sector Policies and Programs Division Office of Air Quality Planning and Standards. Development of the mact floors for the final neshap for portland cement[R]. Research Triangle Park，NC August 6，2010.

[134] Coase R H. The Problem of social cost[M]. New York：John Wiley & Sons，Ltd，2007.

[135] U.S. Office of Management and Budget. M-00-08 guidelines to standardize measures of costs and benefits and the format of accounting statements[EB/OL]. [2000-03-22]. http://www.whitehouse.gov/OMB/memoranda/index.

[136] Clement K. Regional environmental policy：dutch experiments with external integration[J]. Environmental Policy & Governance，2010，4（4）：22-25.

[137] Brugger E A，Gorsler B. Covenants as central elements in an effective environmental policy mix[M]//Environmental Policy Between Regulation and Market. Birkhäuser Basel，1997.

[138] Langbein L I，Kerwin C M. Regulatory negotiation versus conventional rule making：claims，

counterclaims, and empirical evidence[J]. Journal of Public Administration Research and Theory, 2000, 10 (3): 599-632.

[139] 张明顺, 张铁寒, 冯利利, 等. 自愿协议式环境管理[M]. 北京: 中国环境出版社, 2013: 63-91.

[140] 郭修江. 行政协议案件审理规则——对《行政诉讼法》及其适用解释关于行政协议案件规定的理解[J]. 法律适用, 2016 (12): 47-53.

[141] 高鸿钧, 王明远. 清华法治论衡: 生态 法治 文明[M]. 北京: 清华大学出版社, 2014.

[142] Maxwell J W, Lyon T P, Hackett S C. Self-regulation and social welfare: the political economy of corporate environmentalism[J]. Journal of Law Economics, 2000 (10): 583-617.

[143] 张令杰. 程序法的几个基本问题[J]. 法学研究, 1994 (5): 29-36.

[144] 陈海嵩. 雾霾应急的中国实践与环境法理[J]. 高等学校文科学术文摘, 2016 (5): 165-166.

[145] 周扬胜, 张国宁, 潘涛, 等. 环境保护标准原理方法及应用[M]. 北京: 中国环境出版社, 2014: 268.

[146] 汤茜. 我国燃煤电厂除尘系统存在的问题及对策[J]. 科技经济市场, 2007 (7): 101-102.

[147] 张杰. 脱硝除尘还有多大市场空间? [EB/OL]. (2015-05-19) [2020-12-06]. 北极星环保网. https://huanbao.bjx.com.cn/news/20150519/620038.shtml.

[148] 朱法华, 许月阳, 王圣. 燃煤电厂超低排放技术重大进展回顾及应用效果分析[J]. 环境保护, 2016 (6): 59-63.

[149] 生态环境部环境规划院. 中国燃煤电厂超低排放控制技术与政策路线图[R]. 2015.

[150] 赵海霞. 燃煤发电机组超低排放监测问题探讨[J]. 能源与节能, 2016 (9): 87-88.

[151] 沈晓悦, 李萱. 我国环境管理体制改革思路探析[J]. 社会治理, 2017 (1): 110-118.

[152] Principles of environmental compliance and enforcement handbook[Z]. 2009: 56.